Evaristo Eduardo de Miranda

# A água na natureza e na vida dos homens

**IDÉIAS & LETRAS**

DIRETORES EDITORIAIS:
Carlos Silva
Ferdinando Mancílio

EDITORES:
Avelino Grassi
Roberto Girola

COPIDESQUE:
Elizabeth dos Santos Reis

REVISÃO:
Ana Lúcia de Castro Leite
Maria Isabel de Araújo

PROJETO GRÁFICO E EDITORAÇÃO:
Fábio Sgroi

CAPA:
Fábio Sgroi

© Idéias & Letras — 2004

**IDÉIAS & LETRAS**

Rua Padre Claro Monteiro, 342 — Centro
12570-000 — Aparecida-SP
Tel. (12) 3104-2000 — Fax. (12) 3104-2036
Televendas: 0800 16 00 04
vendas@redemptor.com.br
http//www.redemptor.com.br

---

Dados Internacionais de Catalogação na Publicação (CIP)
(Câmara Brasileira do Livro, SP, Brasil)

---

Miranda, Evaristo Eduardo de
A água na natureza e na vida dos homens /
Evaristo Eduardo de Miranda. — Aparecida, SP:
Idéias e Letras, 2004.

ISBN 85-98239-02-X

1. Água 2. Água – Brasil 3.
Água – Conservação – Brasil I. Título.

04-0612            CDD-553.7

---

Índices para catálogo sistemático:

1. Água: Geologia econômica 553.7

# Sumário

### Você tem sede de quê?
A água na natureza, na vida e no coração dos homens ......................... 7
No princípio, a sacralidade das águas ..................................... 9

### O que é a água?
Um mineral precioso e caprichoso ........................................ 17
A água da Terra ......................................................... 25
A água no Brasil ........................................................ 34
Bacias hidrográficas e biomas brasileiros ................................ 40
    *Amazônia* ............................................................ 40
    *Mata Atlântica* ...................................................... 43
    *Pantanal* ............................................................ 45
    *Cerrados e campos naturais* .......................................... 47
    *Caatingas* ........................................................... 48

### Tem água para tudo?
O uso múltiplo das águas no Brasil ...................................... 53
    *Água para os ecossistemas* ........................................... 54
    *A solução do saneamento* ............................................. 56

*Consumo e abastecimento da população* ................................................................... 57
*Irrigação: água para as plantas* ............................................................... 59
*Transporte e navegação em leitos de águas* ............................................. 61
*A geração de energia pela água* ............................................................... 62
*O lazer e o turismo* .................................................................................. 65
*A pesca e a aqüicultura* ........................................................................... 67
*Uso industrial e reuso da água* ................................................................ 72
*Uso terapêutico e residencial das águas minerais* .................................... 74

Cuidando das águas nos céus e na terra do Brasil

Uma legislação das águas desde o século XVI ................................................ 83
Brasileiros na defesa das águas ...................................................................... 92
A inculturação das águas indígenas e luso-brasileiras ...................... 109
Águas brasileiras: um território do sagrado ......................................... 124

Você tem sede de quê? ................................................................... 135

*O homem é o único animal
que distingue a água comum da água benta.*
L. A. White

Você tem sede de quê?

*A água na natureza,
na vida e no coração dos homens*

# No princípio, a sacralidade das águas

Em 1998, as malocas ianomâmis[1] viviam dias difíceis. Garimpeiros haviam invadido o território indígena. Em busca de ouro, desbarrancavam os rios com suas bombas e dragas. Revolviam montanhas de areia, formando poças d'água, áreas de assoreamento e lagoas onde os mosquitos da malária proliferavam. Eram cenas de guerra. Desmatavam, queimavam, poluíam as águas com mercúrio, levavam jovens indígenas a bordéis nas cidades, construíam pistas de pouso improvisadas, rompiam os céus em pequenos aviões e até com helicópteros... um caos. Um paraíso profanado, no limite norte da bacia amazônica.

O governo federal interveio. As imagens de satélite ajudaram a localizar as pistas de pouso dos garimpeiros, os desmatamentos, as destruições e as malocas indígenas. A Força Aérea Brasileira passou a controlar mais rigorosamente os vôos. A Polícia Federal e o Exército Brasileiro retiraram os invasores da área. As pistas clandestinas foram destruídas. Uma tarde, à beira de um afluente do rio Mucajaí, em companhia de um índio ianomâmi, perguntei qual de todas aquelas ações predatórias dos brancos mais o haviam chocado. O índio não precisou refletir. Imediatamente, sem hesitar, expressando um misto de horror e incompreensão, ele respondeu: *"Foi ver um homem branco mijando nas águas deste rio!"*

1. Grupo indígena que se divide nos subgrupos ianam, ianomâmi, ianomam e sanumá. Habitam o Nordeste do Amazonas (Área Indígena Ianomâmi) e a Venezuela.

Para o universo interior e cultural daquele índio, a água era sagrada. Urinar nas águas do rio representava um sacrilégio, uma profanação. Sem medida. Para um cristão seria como ver alguém cuspir numa pia de água benta. A sacralidade da água vem de longe. Algo das visões indígenas sobre as águas chegou à cultura brasileira, como nas lendas da iara[2], da mãe d'água, do boto encantado, das carrancas ou cabeças de proa[3] dos barcos no rio São Francisco etc. Elementos religiosos das culturas africanas também estão presentes na cultura brasileira como os banhos-de-cheiro, as oferendas feitas nas cachoeiras e junto ao mar, as procissões marítimas etc. A figura nagô de iemanjá[4] é a mais emblemática dessa presença das águas doces africanas migradas para as águas salgadas do litoral brasileiro.

Contudo, o universo cultural brasileiro, o imaginário interior do homem e do povo brasileiro, é herdeiro das tradições espirituais mediterrânicas, vinculadas à temática da água. Essa visão do mundo hídrico, no exterior e no interior das pessoas, perde-se no tempo. Foi iluminada principalmente pelo cristianismo, fundado por um judeu galileu que se autoproclamava ser a própria "água viva"[5]. Foi semeada por aventuras e odisséias gregas, aquedutos e termas romanas, saunas árabes, banhos turcos... e fontes judaicas. O próprio Brasil surgiu das águas, após uma timorata travessia de um mar tenebroso, de um oceano atlântico e sem fim. Como evoca o belo poema de Fernando Pessoa: *"E ao imenso e possível oceano, ensinam estas quinas, que aqui vês. Que o mar com fim será grego ou romano: o mar sem fim é português"*. Sem fim. Infinito. A visão e a preocupação com a água, no interior de cada pessoa, são um exemplo dos resultados de um longo processo cujos inícios estão marcados pela globalização intercultural, iniciada com e pelos portugueses.

O processo moderno de globalização e seus impactos culturais atuais remetem às caravelas e aos descobrimentos lusitanos[6]. Os portugueses aca-

---

2. Do século XVI ao XIX correspondia ao mito ofídico das águas, um elemento cosmogônico das populações indígenas brasileiras, cuja crença ainda sobrevive em certas áreas, onde também é chamada de boiúna e por vezes ipupiara. Da segunda metade do século XIX em diante, esse mito hídrico dos indígenas foi influenciado pela sereia européia, ser meio mulher, meio peixe, que habita rios e lagos. No século XX, a iara se tornou um dos epítetos de Iemanjá, deusa de origem iorubá, cuja representação popular também é assemelhada à da sereia européia.

3. Cabeça de madeira esculpida na proa de embarcações do rio São Francisco, representando um animal feroz, supostamente para afastar maus espíritos e seres e perigos aquáticos.

baram com a "insularidade" da Europa, Ásia, Polinésia, África e América. A partir do gigantesco feito de Vasco da Gama, colocaram em diálogo econômico e cultural, progressivamente, civilizações e continentes. O gênio português propiciou uma miscigenação genética, simbólica e cultural, sem precedentes na história da humanidade. A visão e o relacionamento dos brasileiros com as águas são frutos dessa enorme aventura em que água era sinônimo de abundância.

As navegações portuguesas colocaram em contato direto, pela primeira vez, povos e culturas até então isolados. Os portugueses apresentaram ao "mundo" as Molucas, a Índia, a China, o Japão... e o Brasil. Não que a Europa não "dialogasse" ou não mantivesse algum comércio com a China e a Índia, por exemplo. Havia contatos, trocas e negócios (e até viagens terrestres), mas através de uma infinidade de povos, de uma longa cadeia, espacial e temporal, envolvendo muitos interesses e agentes intermediários. Esse contato direto estabelecido pelos portugueses não foi meramente comercial. Esteve repleto de preocupações culturais e religiosas. Esteve associado a um gigantesco esforço de evangelização e conquista espiritual. Dois exemplos marcantes: a Ordem de Cristo e a Companhia de Jesus.

A Ordem Militar de Nosso Senhor Jesus Cristo[7] incentivou a navegação, a expansão do Império Português e financiou as fabulosas despesas desses empreendimentos com seus vastos recursos, em nome da fé. A cada nova embocadura de rio atingida e conquistada na progressiva navegação das costas africanas, levavam os exploradores um barril de suas águas para o rei de Portugal. As terras conquistadas tinham assegurado o domínio espiritual cristão, enquanto seu domínio temporal pertencia ao Rei. O símbolo da Ordem, a Cruz de Cristo, aparecia gravado nas caravelas e nos marcos de posse das novas terras[8].

No século XVI, a recém-criada Companhia de Jesus[9], principal evan-

4. Na África, orixá do rio Ogun e de outros rios e lagos da Nigéria. No Brasil, no candomblé ortodoxo e em outras seitas dele derivadas, orixá das águas salgadas, considerada mãe de outros orixás. Também chamada de Inaê, Janaína, Princesa do Aiocá ou Arocá, Rainha do Mar e Sereia do Mar.

5. Conselho Pontifício da Cultura. *Jesus Cristo, portador da água viva.* Paulinas. Lisboa. 2003.

6. Rodrigo Mesquita. *A economia na era das redes, depois da primeira onda.* Jornal O Estado de São Paulo. 22/10/2000. São Paulo.

7. A Ordem Militar de Nosso Senhor Jesus Cristo sucedeu a Ordem dos Cavaleiros Templários. Em 1318, D. Dinis funda a Ordem de Cristo, reconhecida em 14 de março de 1319, por bula do papa João XXII. D. Dinis concede-lhe, em novembro de 1319, os bens que tinham anteriormente pertencido à Ordem do Templo. Essa concessão é reafirmada em documentos posteriores, como na carta pública de 8 de março de 1335 ou na doação de 24 de junho de 1357.

8. Sua insígnia era a cruz latina vermelha, potenciada, vazada por cruz latina branca. Em Portugal, fita e banda vermelha. No Brasil, fita e banda vermelha, com orla azul.

9. A Companhia de Jesus é uma ordem religiosa da Igreja Católica. Seus membros são popularmente conhecidos como jesuítas. Fundada por Inácio de Loyola, em 1540, está presente em 127 países, nos quais mais de 21.000 jesuítas trabalham pela evangelização no mundo, na defesa e na promoção da justiça, em permanente diálogo cultural e inter-religioso.

10. Foi São Francisco de Xavier quem iniciou as missões jesuíticas na Ásia. Embarcado no porto de Belém (Lisboa) em abril de 1541, chegou a Goa em maio de 1542, pregou no Japão e faleceu na China, na baía de Cantão, em dezembro de 1552.

gelizadora dos indígenas e povoadores do Brasil, participou intensamente desse processo. Os jesuítas daqueles tempos demonstraram nas Américas, na África e na Ásia[10] uma enorme capacidade de empatia. Sua rede de informações, de pessoas, de doutrinas e de ações mostrou uma sábia e profunda unidade. Eles aderiram fortemente a civilizações e culturas completamente estranhas aos europeus. Suas concepções, ainda hoje, parecem revolucionárias. Jesuítas portugueses, espanhóis e italianos defenderam — no século XVI e início do XVII — a necessidade e a prática de inculturação do cristianismo. Por esse caminho surgiu uma visão cultural e espiritual diferenciada dos recursos naturais das novas terras descobertas.

No século XVI, uma nova economia estava sendo construída sobre uma nova rede de comércio e informação. Um imenso universo simbólico sobre as águas de origem judaica e cristã, com fortes cores da escassez hídrica ibérica e latina, foi trazido pelos povoadores do Brasil. Ele incorporou a riqueza das toponímias, das lendas e mitos dos indígenas e dos africanos. Esse universo habita e produz até hoje a cultura hídrica nacional. Ao longo dos séculos XVI, XVII, XVIII e XIX, muito antes das atuais preocupações ambientalistas com a água, a Coroa portuguesa, o Império do Brasil e uma série de brasileiros ilustres, leigos e religiosos, trabalharam na defesa dos recursos naturais e, em particular, da sacralidade das águas. Lutaram contra a profanação das águas, cientes de seus limites e fragilidades. Buscaram preservar um insumo indispensável às atividades de mineração, pesca, agricultura e indústria. Trabalharam com ciência, persistência e pensamento criativo. São ignorados pela história oficial.

O imenso e assimétrico capital hídrico do Brasil não foi obra do acaso. Foi fruto de uma conquista territorial e espiritual. A bacia amazônica, um dos maiores tesouros hídricos do planeta e da natureza, não pertencia ao Brasil. Sua incorporação ao território nacional foi obra de um esforço estratégico e persistente por parte da Coroa portuguesa e de seus súditos, ao longo de três séculos. Os brasileiros mobilizavam-se em defesa da água, em manifestações de rua, desde o século XVII[11]. Na defesa da qualidade das águas de abastecimento do Rio de Janeiro, D. João VI e posteriormente o Império do Brasil tomaram uma série de medidas jurídicas e administrativas, dentre as quais destaca-se o plantio da Floresta da Tijuca, hoje uma das maiores florestas em áreas urbanas do planeta.

Se tocamos a água com as mãos, é com o coração que a entendemos. As raízes de sua sacralidade no Brasil são profundas, quase abissais. As águas pedem atenção e compreensão, como o inconsciente de cada um. Não são tão abundantes como alguns imaginam. Sua escassez é fonte de disputas e conflitos, não somente nos sertões nordestinos[12]. Seu fornecimento e cuidado não devem depender unicamente do Estado. Toda a cidadania pode assumir e participar da gestão das águas. A água é fundamental para o consumo humano, para a vida nos ecossistemas terrestres e aquáticos, para a navegação, para a irrigação, para a saúde, para a geração de energia, para o lazer, para a produção e o desenvolvimento industrial, agrícola e econômico. Cabe sempre uma pergunta: o que é a água?

11. Nelson Oliver. *Floresta da Tijuca e Cercanias. Index, Rio de Janeiro*, 1991.

12. Durante o período de estiagem, a disponibilidade de água por habitante na região da capital paulista e no Alto Tietê é inferior à da Arábia Saudita.

O que é a água?

# Um mineral precioso e caprichoso

A água é um mineral. Bastante abundante em nosso planeta, ele é raro no sistema solar e no universo conhecido. É condição essencial para a existência da vida. Ela é também um importante insumo dos mais variados processos produtivos. A água representa sempre mais da metade da composição dos viventes. Ao contrário de outros minerais, como a areia, as pedras, o ferro e o petróleo, a água está tão associada à vida que é comum a expressão "águas vivas". Sem água, não pode haver vida. Como a certeza da morte, essa é uma daquelas realidades que os humanos esquecem com freqüência.

A água é um pouco como Deus. Nem sempre de forma visível, ela está presente em toda a parte neste úmido planeta: no ar, nas rochas, nos rios, na intimidade das células vivas, nos vegetais, nas calotas polares e no corpo dos seres animados. Até no meio do fogo existe muito vapor de água. Ela é um mineral diferente, cheio de recursos, passes de mágica e astúcias. Apesar de sua essencial necessidade, os humanos nunca souberam exatamente do que se tratava. Aqui também, um pouco como Deus. Demorou para a humanidade descobrir do que era feita a água. Se Deus é feito de amor, a água é composta por dois átomos de hidrogênio e um de

13. Antoine Laurent de Lavoisier (1743-1794), químico francês, criador da química moderna. Descobriu a natureza e o papel do oxigênio, estabeleceu a composição da água e lançou as bases da bioquímica moderna, demonstrando que a respiração é uma forma de combustão de compostos de carbono. Foi guilhotinado pela barbárie chamada de "Revolução Francesa". Não por ter descoberto a composição da água. Nem por ter contribuído na criação e implantação do sistema métrico. Não há explicações para a insanidade da guilhotina.

14. O conde Alessandro Volta (1745-1827), físico italiano, realizou numerosas descobertas a partir da eletricidade, entre as quais a pilha elétrica (1800), que leva seu nome, assim como a medida de tensão elétrica, a voltagem. Não morreu na cadeira elétrica pois esta só foi inventada séculos mais tarde, pelo norte-americano Thomas Edson, o mesmo das lâmpadas e de outras invenções, mais ou menos mortíferas e lucrativas.

oxigênio. Faz menos de 300 anos que parte da humanidade sabe disso, depois de milhões de anos de absoluta ignorância metafísica.

A descoberta da composição química da água foi o fruto de diversas pesquisas e experiências. Dentre elas, destacam-se as do francês Antoine Lavoisier[13]. Ele conseguiu produzir água a partir dos dois gases: oxigênio e hidrogênio. Numa outra trilha, num caminho inverso ou a contracorrente, seguindo uma estrada mais meridional e menos trágica, o italiano Alessandro Volta,[14] através da eletricidade, conseguiu decompor a água nos dois gases.

A feminina água, como no Rigoletto de Giuseppe Verdi, é *"mobile qual piuma al vento, muto d'accento - e di pensiero"*. É fácil atribuir-lhe muitos qualitativos. Fica-se sempre muito aquém de sua complexa e inatingível personalidade. A água é indefinível. Um pouco também como o divino. Ela pode ser caracterizada, primariamente, por seus três estados: gasoso, sólido e líquido, entre os quais vive circulando.

A água também pode ser descrita por uma série de parâmetros. Coisa para laboratórios, papilas e olfatos sensíveis. Esses parâmetros qualificam a água, seus usos e aplicações: dissolução, capacidade térmica, tensão superficial, capilaridade, pH, capacidade tampão, dureza, salinidade, turbidez, cor, odor e sabor. Uma análise padrão de qualidade da água em laboratório considera 33 indicadores físicos, químicos e microbiológicos. Desses, nove compõem o índice da qualidade das águas (IQA): oxigênio dissolvido (OD), demanda bioquímica de oxigênio (DQO), coliformes fecais, temperatura da água, pH da água, nitrogênio total, fósforo total, sólidos totais e turbidez.

Beber água e tomar banho nem sempre é uma boa idéia. Depende de onde e como. A água pode ser boa e péssima para a saúde. Quem proclama a água como fonte de vida deveria mencionar que é também uma fonte de morte[15]. De muitas mortes. As águas de fontes murmurantes, límpidos regatos, orvalhos reluzentes, chuvas abençoadas e criadeiras, são as mesmas das tempestades, trombas d'água, inundações, nevascas, maremotos e *tsunamis*[16], aquelas vagas imensas produzidas por terremotos submarinos ou erupções vulcânicas. Além das matanças das cheias, dos afogamentos e naufrágios, um grande número de doenças chegam aos humanos por ingestão de água contaminada: cólera, disenteria amebiana, disenteria bacilar, febre tifóide e paratifóide, gastroenterite, giardise, hepatite infecciosa, leptospirose, paralisia infantil, salmonelose... Outras doenças chegam pelo simples contato com água contaminada: escabiose (doença parasitária cutânea conhecida como sarna), tracoma (mais freqüente nas zonas rurais), verminoses. Outras doenças têm na água um estágio do ciclo de vida de seus vetores, como esquistossomose, dengue, febre amarela, filariose e malária. O cólera, a febre tifóide e paratifóide são as doenças mais freqüentemente ocasionadas por águas contaminadas e penetram no organismo via cutânea, mucosa ou oral.

O corpo humano é composto de água, entre 70 e 75%. Na média, a proporção de água no corpo humano é idêntica à do planeta Terra. Estranha coincidência. Melhor não tirar nenhuma inferência ou conclusão. O percentual de água no organismo humano diminui com a idade: entre 0 e 2 anos de idade é de 75 a 80 %; entre 2 e 5 anos cai para 70 a 75%; entre 5 e 10 anos fica entre 65 a 70%; entre 10 e 15 anos diminui para 63 a 65% e entre 15 e 20 anos atinge 60 a 63%. Aí vem um período de maior estabilidade, como na vida psíquica, mas sem muitas garantias: entre 20 e 40 anos esse teor de água no corpo humano fica entre 58 a 60%. Entre os 40 e os 60 anos, essa percentagem cai para 50 a 58%. A seiva parece diminuir ou ficar mais concentrada. Acima de 60 anos, o humano segue sua desidratação. É como se nos idosos metade da existência fosse água e o resto, sólidas resíduas[17] e recordações. No próprio corpo humano, os teores de

15. Conferência Nacional dos Bispos do Brasil. *Água, fonte de vida. Campanha da Fraternidade* 2004. Salesiana. São Paulo. 2003.

16. A etimologia dessa palavra japonesa é um pouco paradoxal. Vem de *tsu* 'porto, ancoradouro' + *nami* 'onda, mar'. A onda ancorou-se no porto ou seria o porto quem ancorou-se numa onda?

17. O que resta e remanesce. Do latim *residùum,i* "resto, restante".

água variam. Os órgãos com mais água são os pulmões (mesmo se vivem cheios de ar) e o fígado (86%). Paradoxalmente, eles têm mais água do que o próprio sangue (81%). O cérebro, os músculos e o coração são constituídos por 75% de água.

Como toda essa água entra no corpo humano? A resposta não é tão simples. O humano tem sede e bebe água. Mas menos da metade da água necessária ao corpo humano (47%) chega por meio de copos de sucos, cerveja, água mineral, água fresca da moringa etc. Uma parte significativa de água, o corpo absorve através da respiração celular (14%). O resto da água necessária à vida chega através dos alimentos (39%). É muita água e poucos se dão conta disso. Os vegetais existem para serem bebidos e não comidos. Eles contêm uma porcentagem enorme de água. Alguns exemplos do teor em água dos vegetais: alface (95%), tomate (94%), melancia (92%), couve-flor (92%), melão (90%), abacaxi (87%), goiaba (86%) e banana (74%).

Toda água que entra no corpo, sai. Caso contrário seria um enorme ganho de peso, cotidiano. Um quilo por litro. Como a água sai do corpo humano? Cerca de 20% sai pela transpiração e mais 15% pela respiração. Essas porcentagens podem variar segundo o grau de atividade de cada indivíduo. Pelas urinas e fezes é excretado o essencial da água absorvida (65%). A água circula pelo corpo humano como nos ecossistemas. Muitos preocupam-se em não poluir os rios. A poluição também chega às suas veias e artérias em conseqüência de uma alimentação inadequada, da absorção de drogas, da respiração de uma atmosfera contaminada etc. A água, um pouco como o papel, aceita quase tudo.

O corpo tenta metabolizar toda essa poluição pela via hídrica, mesmo a dos lixos devorados inconscientemente. Os rins filtram tudo o que podem. A bexiga acumula e excreta o possível. Pode haver acúmulos de sujeira, placas de gordura nos encanamentos das veias, vasos entupidos, um saneamento interno inadequado, a formação de pedras e cálculos renais etc.

Beber água sem nada, nem gás, é permitir um maior poder de solução e de dissolução. Para água corporal é difícil dissolver tanta coisa absorvida pela boca, sobretudo quando os próprios líquidos ingeridos já vêm carregados de sais, açúcares, ácidos e acidulantes, corantes e edulcorantes, extratos e antioxidantes, benzoato de sódio, sorbato de potássio e tantas outras substâncias necessárias a um "refrigerante".

A distribuição e a disponibilidade de água potável[18] determinam numerosos aspectos da vida econômica, social, cultural e histórica das populações do planeta. A água sabe disso e vive sorrindo dos planos e teorias de economistas, políticos e sociólogos. Basta uma seca, uma chuva torrencial ou uma inundação para produzir resultados mais espetaculares do que guerras, empréstimos, investimentos ou novas tecnologias. Basta comparar. Sociedades primitivas inteiras desapareceram nas Américas, e em outras partes do mundo, por desequilíbrios ambientais, como os povos da ilha de Páscoa e os maias, por exemplo. Um período de secas, de origem climática, acabou com a civilização maia, num banho de sangue de sacrifícios humanos. Muitas culturas não foram capazes de enfrentar pequenas flutuações climáticas, ligadas ao fenômeno do El Niño, como na história da civilização moche no Peru[19], ou a um ataque generalizado de pragas ou novas enfermidades potencializados por secas ou inundações. Qual seria o resultado de cinco anos ininterruptos de seca sobre o abastecimento de água da cidade de São Paulo ou a geração de energia no Brasil?

Mudanças climáticas podem degelar as calotas polares. Má notícia para quem vive no gelo. No Ártico, os autodenominados inuítes[20] ou os esquimós[21], como eram chamados pelos índios norte-americanos e hoje por todos, vivem sobre água congelada. Num universo sem terra, solo ou árvores, eles aravam os mares com suas redes e anzóis, feitos de ossos e fibras animais. Esses povos construíam suas casas ou iglus[22] com água (congelada). Deviam fundir o gelo, num fogo alimentado com

18. Do latim potabìlis, e "que pode ser bebido". Do grego potamós, ou "torrente, água que se precipita; rio". cognato do verbo pétomai "precipitar-se para a frente, atirar-se".

19. Brian Fagan, The Story of El Nino and the Moche. MCC, Arizona, 2002.

20. Autodenominação dos povos que habitam a região ártica. Textualmente significa "os verdadeiros homens".

21. Textualmente "os comedores de carne crua". Do algonquino askimowew "ele a come crua", ligado por sua vez a esquimantsic "comedores de carne crua", designação empregada por certos grupos indígenas canadenses para se referirem aos povos do norte, da região ártica.

22. Habitação hemisférica, feita de neve ou de blocos de gelo e usada durante o inverno por certos esquimós.

óleo de baleia, para poder beber. A água não se perdia por evaporação. Ela virava gelo.

O efeito estufa pode aumentar as chuvas nas regiões tropicais. Má notícia para os povos do deserto. Há mais de 3.000 km ao sul do Ártico, no deserto do Saara, para a etnia nômade tuaregue[23], os chamados homens azuis, água é sinônimo de poço. E de mistério. A água vive escondida. Melhor assim. Quase nunca vêem a água livre na natureza. Ali não chove, não existem rios, nem lagos. Muito menos gelo ou neve. A água é um bem raro. Saber encontrá-la e alcançá-la está entre os primeiros e principais segredos desse povo. O desperdício de água é inimaginável. As jovens mães conseguem dar banho em seus bebês com uma pequena caneca de água. Sentadas na areia, elas manipulam a criança sobre seus pés com movimentos precisos. Parecem conduzir o percurso de cada gota d'água ao longo do corpo das crianças. Nada se perde. Nenhuma gota ousa saltar à terra, sem acariciar o corpo infantil, da cabeça até a ponta dos pés. Segundo suas tradições, quando uma gota de suor ousa aflorar em seu corpo, o tuaregue medita e impede que ela escorra.

Desequilíbrios ecológicos e agrícolas são duas faces da mesma moeda. Na África, essa realidade espelha sua dramaticidade nos anos de seca, como no Nordeste do Brasil. No sul do Saara, no Sahel, as questões de desmatamento, de perda de produtividade das pastagens, aumento da erosão eólica e queda na produção agrícola agravam-se constantemente. Na parte central do Sahel, a etnia hauçá[24] sofre com a fome, a desnutrição, a perda do potencial produtivo de seus agroecossistemas. Ano após ano, o mineral parece avançar sobre o vegetal, cada vez mais rarefeito[25].

Um dia, caminhando pela estepe africana no norte do Níger, entre Dan Kulu e Gadabegi, junto com um guia tuaregue, parei para descansar sobre uma duna de areia. Entardecia. Achei de bom tom evocar certo saudosismo e comentar sobre os relatos do século XIX que descreviam aquele

---

23. A palavra vem do árabe norte-africano *tawáriq*, plural de *targí*, de origem berbere. Eles mesmos designam-se como tamaxeques. São um grupo étnico nômade, guerreiro, segundo a tradição seriam de origem camita, de Cam, segundo filho de Noé. Essa nobre etnia habita o deserto do Saara, especialmente a parte central.

24. Relativo à etnia do Norte da Nigéria e Sul do Níger ou à língua canito-semítica do grupo tchadiano falada em grande parte do Sudão, Nigéria e Níger. A cultura hauçá tem influência islâmica, mas registra também práticas animistas.

25. Evaristo Eduardo de Miranda. *Essai sur les déséquilibres écologiques et agricoles en zone tropicale semi-aride. Le cas de la région de Maradi au Niger*. USTL. Montpellier. 1980.

lugar, hoje desértico, como repleto de florestas e elefantes. Durante minha descrição, o tuaregue fez uma expressão de desgosto, quase de nojo. Para ele, a região havia sido muito ruim no passado. Não se podia andar de camelo, mais precisamente de dromedário, sem abaixar constantemente a cabeça, devido aos galhos das árvores. Aliás, atrás ou em cima de cada árvore podia esconder-se um malfeitor, um assaltante. A vista não enxergava mais do que alguns metros. Animais ameaçadores podiam atacar. As pastagens eram uma magra concessão da floresta. Os mosquitos eram um tormento. Os campos agrícolas impediam a livre criação dos ruminantes domésticos. Dificultavam a transumância. Dura vida, a de seus antepassados com toda aquela vegetação.

Com um sorriso nos lábios, o guia tuaregue prosseguiu explicando: agora não. Agora era uma beleza. A floresta desaparecera. Ano após ano, as coisas melhoravam. Principalmente com os períodos de seca. Bastava ficar de pé, e o olhar alcançava quilômetros de distância. Aí, meu guia tuaregue apontava com a mão, altaneiro, em todas as direções. Principalmente para o norte, de onde o gigante quente e mineral do Saara enviava seu hálito seco. Quase nada restava daquela lepra verde de vegetação, ocultando as formas do relevo. O sol iluminava e higienizava cada pedaço de terra. Mosquitos e feras haviam desaparecido. Homens e dromedários andavam livres como o vento. Todo o território era passagem e caminho. E o caminho mais curto era sempre uma linha reta, tendo como bússola as estrelas, a lua ou o sol. Sempre visíveis. Como a morna e macia areia sob nossos pés.

Segundo aquele tuaregue e sua percepção social e cultural do espaço rural, nos últimos anos o meio ambiente tinha melhorado bastante com a desertificação. O ambiente tornava-se mais próximo e adequado a seu modo de vida nômade, milenar. Ele completava seu raciocínio: não havia o menor risco de eu atolar meu veículo em alguma lagoa ou poça d'água, eu podia dirigir tranqüilo pela estepe saeliana. Para achar água teria de cavar pelo menos uns 40 metros. Ele parecia habitar outro planeta. Apesar de todos os caprichos da água, os tuaregues nunca desertaram do deserto. Nem os terráqueos da Terra.

# A água da Terra

A água não se entrega, nem se encontra, por igual neste planeta. Os lugares onde menos chove no planeta estão na América do Sul e não nos desertos africanos ou australianos. No deserto de Atacama, no Chile, podem decorrer anos sem o registro de uma só gota de chuva. O mínimo mundial de chuvas é lá, em Antofagasta: 0,4 mm. Capas e guarda-chuvas estão dispensados. Galochas e impermeáveis, também. Idem nos desertos litorâneos do Peru. Terra boa para os tuaregues. Originária da Antártida, uma corrente marinha muito fria e germânica, a de Humbolt, sobe silenciosa ao longo da costa ocidental da América do Sul, impedindo a evaporação e estabilizando o ar. Em matéria de chuva é pior do que no deserto do Saara, mesmo se a umidade atmosférica é relativamente elevada.

O outro extremo pluviométrico não está nas florestas do Congo, nem na Amazônia, e sim na Índia, nas encostas do maciço do Himalaia. Ali as torneiras dos céus vivem abertas. Por uma conjugação entre monção[26], relevo e chuvas regionais, em Cherrapundgi, nas colinas de Assan, está o recorde mundial de chuvas: mais de 12 metros de precipitações por ano. Já se registraram 26 metros num ano. Para quem é adepto da

26. Vento periódico, típico do sul e do sudeste da Ásia, que no verão sopra do mar para o continente (monção marítima), trazendo chuvas, e que no inverno sopra do continente para o mar (monção continental).

meditação oriental mas odeia umidade, recomenda-se fortemente evitar essa parte da Índia[27].

Nem bem desceram dos céus, as águas já estão procurando rios, lagos e oceanos, quando não se perdem pelos meandros subterrâneos da terra. As águas recobrem 77% da superfície terrestre. Fora toda água intricada na matéria sólida e animada. Como repete-se tantas vezes, o nome do planeta deveria ser Água e não Terra. Quem mede ou estima as chuvas sobre os oceanos? Quem sabe quanto chove nesse imenso oceano Pacífico? Ninguém sabe, nem imagina. A água também tem seus segredos e sua privacidade. Os ciclos hidrológicos acontecem principalmente nos mares e oceanos. Longe dos olhares humanos. Sob a contemplação silenciosa de anêmonas, tubarões e cachalotes. Sobre os continentes, com grandes áreas desérticas ou congeladas, ocorre apenas uma fração desse ciclo hidrológico. Cerca de 47 mil $km^3$ de água retornam aos oceanos anualmente a partir dos rios, represas, lagos e águas subterrâneas. O antropocentrismo, a visão de seres terrestres, leva os humanos a imaginar o ciclo da água como algo entre os céus, a terra e o mar. De preferência com a terra no centro. Na realidade, os mares e oceanos são o começo, o meio e o fim desse ciclo. As águas preferem ir da água para a água. Como Copérnico[28] e Galileu[29], elas não são adeptas do geocentrismo.

Das águas existentes, cerca de 97,5% são mares e oceanos. Um volume incomensurável[30] e salgado. Cada vez mais salgado. No *Papyrus d'Hibeb*, o filósofo grego Teofrasto[31] discute a questão da origem da salinidade da água do mar. Para ele, o mar estava formado de elementos do mesmo gênero dos existentes sobre a terra. Por conseqüência, sua salinidade dependia dos "átomos grandes e angulosos" e a salinidade terrestre se produzia da mesma forma que a marinha. Ele tinha razão[32]. Coisa de filósofo. Na realidade e na filosofia, as águas do mar *in natura* são salgadas e inadequadas para o consumo humano e para a agricultura. Mas são impor-

---

27. Paradoxalmente, devido ao desmatamento e ao intenso escoamento superficial, a região tem problemas de falta de água.

28. Nicolau Copérnico (1473-1543), astrônomo polonês, demonstrou que a Terra não era imóvel no centro do universo, mas que girava em torno de si mesma e do Sol.

29. Galileu Galilei (1564-1642), físico, matemático e astrônomo italiano, fundador da ciência experimental, inventou o termômetro, descobriu as leis do pêndulo e afirmou que a Terra girava em torno do Sol, em contradição com as teorias geocêntricas de seu tempo.

30. O volume total de água na Terra é estimado em cerca de 1,35 bilhão de $km^3$. Se é que isso pode significar algo para alguém, ou ser imaginado.

tantes fontes de proteína para a humanidade. A pesca e a aquicultura não cessam de se desenvolver e se sofisticar. Cada vez mais, os terrestres vivem dos seres aquáticos. E também vão comprometendo com suas agressões a vida nos oceanos.

Como assinala L. John, o oceano desconhecido está longe de ser intocado. A dificuldade de acesso — por falta de estradas, campos de pouso ou trilhas — que funciona como uma proteção real, nos ecossistemas terrestres, não existe nos oceanos, cada vez mais acessíveis a barcos, redes, sondas e submergíveis. A par dos recifes de coral das montanhas submersas, das plataformas continentais, existem ambientes diferenciados, como cavernas, chaminés vulcânicas, falhas geológicas e abismos profundos, pouco ou nada pesquisados, mas já ameaçados pela prospecção de petróleo, pela mineração de polimetais, manganês, níquel, cobalto etc., pela instalação e operação de dutos e pesca de arrasto. E, além do que se pode enxergar, existe, ainda, uma imensa floresta, composta de plantas microscópicas, fundamental a todos os outros seres marinhos, por constituir a base da cadeia alimentar: os fitoplânctons. Como os ecossistemas visíveis e palpáveis, essas florestas invisíveis encontram-se ameaçadas pelas atividades humanas. Não tanto pela destruição física, mas por impactos pouco considerados, como a poluição por excesso de nutrientes, o transporte de espécies invasoras de uma região para outra e mudanças climáticas[33].

A água potável disponível no planeta é estimada em cerca de 1,35 bilhões de km$^3$ [34]. Dessa água doce, cerca de 2,5% estão nas calotas polares e nas geleiras. Outros 30% compõem as águas subterrâneas. A maior parte da água doce, 67%, encontra-se nos rios, lagos e reservatórios. É bom lembrar que isso representa menos de 0,01% da água total do planeta. Resta ainda cerca de 0,5% em outros "destinos", particularmente na umidade da própria atmosfera terrestre.

31. Seu verdadeiro nome era Tyrtamos (372-287 a.C.), apelidado Teofrasto (divino falante) por seu mestre Aristóteles, que lhe confiou a direção do Liceu.

32. Hoje atribui-se uma importância cada vez maior à atividade vulcânica, na salinidade dos mares e oceanos.

33. Liana John. *Florestas invisíveis sustentam a vida nos oceanos*. Agência Estado. São Paulo. 2003.

34. Existem divergências quanto a esse valor. Como ninguém explicita como chegou ao resultado, é difícil opinar.

O crescimento populacional, principalmente nos países em desenvolvimento, e a maior demanda de água para usos agrícola e industrial, provocaram o aumento do consumo global de água da ordem de 1.000 km³/ano para mais de 4.000 km³/ano nos últimos 50 anos. Entre 1900 e 1995, o consumo total de água para as atividades humanas (agrícola, industrial, doméstica e outras) cresceu seis vezes. Mais do que o dobro do crescimento da população mundial nesse período. O aumento do consumo é maior nos países em desenvolvimento que nos desenvolvidos, em virtude do crescimento da população[35].

A água não está acabando. Em lugar algum. Seria negar o princípio de Lavoisier. Na natureza nada se cria, nada se perde, tudo se transforma. A água que havia há 500 milhões de anos, há um milhão de anos e há 100.000 anos é praticamente a mesma de hoje. E será a mesma daqui mais 100.000 anos. A água pode tornar-se imprópria para o uso humano devido à poluição, pode tornar-se de um acesso mais difícil devido ao assoreamento dos rios etc. Mas a água não acaba, não desaparece. Da mesma forma seria imaginável criar água em grandes quantidades. Os países cuidam cada vez mais de suas águas e alguns até estão coibindo sua exportação. O governo canadense proibiu de forma definitiva toda exportação maciça de água, seja feita por caminhões, navios ou canais de derivação[36]. Outros países, como a Turquia, apostam na exportação de água[37].

As tecnologias de exploração de águas subterrâneas profundas podem aumentar a disponibilidade de água potável. O aumento da população e da demanda pode tornar escasso, por habitante, um recurso antes aparentemente abundante. Hoje existe mais água potável disponível no planeta do que no primeiro ano da era cristã, quando a população do mundo não representava 3% da atual. Esse aumento relativo da água potável disponível deve-se sobretudo ao crescimento da exploração de reservas subterrâneas.

---

35. Haroldo Mattos de Lemos. *O Século 21 e a Crise da Água.* Agência Estado. São Paulo. 2003.

36. Mas as exportações de águas subterrâneas através de vasilhames de 20 litros ou menos permanecem liberadas. Para o Ministro do Meio Ambiente e Água, André Boisclair, a água não pode ser considerada como uma simples mercadoria. O Canadá, que dispõe de 3% das reservas de água doce, tem um papel de fiel depositário perante as futuras gerações. "A água faz parte do patrimônio coletivo dos canadenses e nós não desconhecemos que estas retiradas maciças podem causar danos a nossos ecossistemas", declarou o ministro.

37. A Turquia construiu uma plataforma para permitir que navios atraquem e se abasteçam. Nessa região, um barril de água chega a valer o equivalente a dois a três barris de petróleo no mercado internacional.

Ao mesmo tempo, no final do século XX, em muitos pontos do globo, as reservas hídricas começaram a decrescer. Na China, o rio Yang-Tsé (rio Azul) corria através de um complexo sistema de lagos e várzeas, drenado e modificado para uso agrícola. Essas modificações são agora a causa das inundações. Elas desalojam milhões de chineses, todos os anos, nas margens do Yang-Tsé. O governo chinês está, igualmente, investindo pesado na reversão das drenagens e reabertura dos lagos para conter a força das águas do rio. Já o Huang-Ho (rio Amarelo), também na China, praticamente secou antes de chegar ao mar devido ao uso abusivo de suas águas. Hoje o país planeja gastar bilhões de dólares para desviar a água do Yang-Tsé, o rio Azul, na área central do país, para Huang-Ho, o rio Amarelo, no Norte da China.

Na África, em 30 anos, o lago Chade encolheu de 10.000 km² para apenas 800 km². Na Ásia Central, num mesmo lapso de tempo, o mar de Aral perdeu 40% de sua superfície e 60% de seu volume de água potável. Atualmente, cerca de 500 milhões de pessoas sofrem com uma escassez quase absoluta de água potável. Esse número poderá chegar a 2,5 bilhões de pessoas no ano 2025. Onze países da África, como o Egito, e nove do Oriente Médio, como o Kuwait, praticamente não têm mais água disponível para atender o aumento da demanda. É crítica também a situação de México, Hungria, Índia, China e Tailândia.

No Oriente Médio, a escassez de água já causa instabilidades políticas e a perspectiva de intensificação de guerras por esse motivo não é desprezível. Na Jordânia, cada habitante tem acesso a cerca de 85 litros de água por dia, enquanto os americanos utilizam 600 litros. Israel, Jordânia e os palestinos, juntos, demandam 3,2 bilhões de metros cúbicos de água, mas a média das chuvas anuais na região não supera 2,5 bilhões m³. Os 700 milhões restantes são retirados de reservas subterrâneas, sem renovação.

Mesmo os Estados Unidos indicam como é fundamental aprender com os exemplos de manejo hídrico equivocado. Grandes projetos hidráulicos, orgulhos do passado, estão sendo abandonados e revertidos. Nos Everglades, na Flórida, o governo americano já investiu mais de 300 milhões de dólares para fazer o rio Shark voltar a correr no pântano, onde naturalmente suas águas eram filtradas. O sistema dos Everglades abastece 4 milhões de pessoas na região de Miami, onde a qualidade da água é considerada uma das piores do país. A drenagem das terras para agricultura eliminou o filtro natural, o pântano.

No passado, a qualidade da água potável era definida basicamente pela ausência de microorganismos patógenos, por sua limpidez e outras características físico-químicas. Hoje, a poluição da água envolve substâncias inodoras, transparentes, difíceis de detectar e, sobretudo, imunes aos melhores sistemas de tratamento de água. Hidrocarbonetos, pesticidas, herbicidas e uma série de produtos oriundos da química orgânica moderna, assim como metais pesados e outros elementos e substâncias tóxicas são capazes de atravessar inalterados os sistemas de tratamento de água e chegar cotidianamente às torneiras de muitos consumidores, principalmente nas grandes metrópoles.

Segundo Klaus Toepfer, diretor executivo do Programa das Nações Unidas para o Meio Ambiente, PNUMA, a grande batalha pela conservação da água será ganha ou perdida nas megacidades do mundo[38]. São consideradas megacidades aquelas com mais de 10 milhões de habitantes. Já existem 23 megacidades no mundo, 18 das quais localizadas em países em desenvolvimento, São Paulo entre elas. A cada ano, somam-se 60 milhões de novos habitantes a essas megacidades, seja por migração (cujo ritmo tem diminuído) ou pelo crescimento vegetativo. Com isso, crescem exponencialmente as demandas por água e os problemas decorrentes da superexploração ou má gestão desses recursos hídricos. De acordo com Toepfer, metade das cidades européias já exploram águas subterrâneas acima da sua capacidade de reposição natural e diversos países têm sérias

38. Liana John. *Megacidades são o grande desafio de gestão da água*. Agência Estado. São Paulo. 2000.

dificuldades com a poluição desses aqüíferos. A salinização é outro problema grave e atinge severamente Bancoc, por exemplo. E chega a ser assustadora a conseqüência da superexploração das águas subterrâneas na cidade do México. Ela está literalmente afundando devido à retirada excessiva de água do subsolo.

São Paulo é um exemplo de megacidade vivendo uma escassez hídrica crescente por habitante, mesmo com um aumento constante da água potável disponível. Fundada pelos jesuítas na confluência de vários rios (Tietê, Pinheiros e Tamanduateí), São Paulo tinha água em abundância. O crescimento da população e a alteração do meio ambiente (impermeabilização do solo, redução do tempo de concentração da água nas bacias, poluição dos rios...) foram enormes. Hoje a cidade de São Paulo apropria-se das águas de outras bacias (e de outras pessoas)[39] para abastecer sua população. Ainda assim, a situação é bastante crítica. Dois ou três anos de secas sucessivas poderiam causar um verdadeiro desastre na bacia do Alto Tietê.

O Fórum Mundial da Água realizado em Haia, na Holanda, no ano 2000, terminou com a adoção por aclamação de uma declaração ministerial. Ela considera a água *"vital para a vida e para a saúde das pessoas e dos ecossistemas e um requisito básico para o desenvolvimento das nações, embora, em todo o mundo, mulheres, homens e crianças ainda sofram com a falta de acesso à água segura e adequada para atender suas necessidades básicas"*. Na declaração, os 130 países presentes ao fórum comprometeram-se a buscar alternativas e promover mudanças em suas políticas de recursos hídricos, de forma a manter a segurança da água para o século 21. Isso significava *"assegurar que a água doce, os recursos costeiros e ecossistemas associados à água sejam protegidos e recuperados; que o desenvolvimento sustentável e a estabilidade política devem ser promovidos; que qualquer pessoa deve ter acesso a água segura e suficiente a um custo compatível com a manutenção de uma vida*

---

39. O sistema Cantareira da SABESP retira (e vende!) dezenas de metros cúbicos por segundo da bacia do Atibaia – com sérios prejuízos para as populações das cidades situadas na jusante (Atibaia, Campinas, Valinhos, Vinhedo, Americana, Piracicaba, Rio Claro etc).

*produtiva e saudável e que as populações vulneráveis devem ser protegidas dos riscos de desastres relacionados à água"*[40].

Os principais desafios colocados diante dos países, após o Fórum Mundial da Água, seguem até hoje e são:

Atender necessidades básicas: reconhecer que o acesso à água segura e suficiente e ao saneamento são necessidades humanas básicas essenciais à saúde e ao bem-estar e possibilitar à população, especialmente mulheres, o acesso a processos participativos de gerenciamento hídrico.

Assegurar o suprimento alimentar: melhorar a segurança alimentar, especialmente dos pobres e vulneráveis, por intermédio de uma mobilização maior e uso mais eficiente e eqüitativo da água para a produção de alimentos.

Proteger os ecossistemas: assegurar a integridade dos ecossistemas através do gerenciamento sustentável de recursos hídricos.

Dividir recursos hídricos: promover a cooperação pacífica e desenvolver sinergias entre diferentes usos da água em todos os níveis, quando possível, no âmbito nacional e, no caso de recursos fronteiriços e transfronteiriços[41], entre os países envolvidos, através do gerenciamento sustentável de bacias hídricas ou outras alternativas apropriadas.

Manejar os riscos: assegurar medidas contra enchentes, secas, poluição e outros desastres relacionados à água.

Atribuir valor à água: manejar a água de modo a refletir seu valor econômico, social, ambiental e cultural em todos os usos e tomar iniciativas para atribuir aos serviços de água um valor que reflita seus custos. Esta abordagem deve considerar a necessidade de eqüidade e as necessidades básicas dos pobres e vulneráveis.

Governar sabiamente a água: assegurar boas diretrizes, de forma que o envolvimento do público e os interesses de todos os usuários sejam incluídos no gerenciamento dos recursos hídricos.

---

40. Liana John. *Água segura e suficiente para todos*. Agência Estado. São Paulo. 2000.

41. Essa declaração ministerial final não conteve a denominação de rios divididos por dois ou mais países como "águas internacionais", um ponto que preocupava países detentores de recursos hídricos abundantes, como o Brasil. A expressão foi substituída por "rios fronteiriços e transfronteiriços" por influência da delegação brasileira.

A gestão da água — e não sua criação ou desaparecimento — é o grande desafio. E para gerir é preciso saber o que se tem e quanto se tem. E o Brasil tem muita água doce.

## A água no Brasil

A água, como os mistérios, gosta de esconder-se na luz e no subsolo. O Brasil é o maior país da América do Sul[42], com 92% de suas terras na zona intertropical. Não falta lugar para as águas se esconderem, tanto à luz do dia em chuvas e rios, como na noite perene do subsolo. O Brasil tem grandes reservas de água doce em suas bacias hidrográficas do rio Amazonas, do rio da Prata (Paraguai-Paraná) e do rio São Francisco. Nos últimos 30 anos, a pressão sobre os recursos hídricos aumentou, provocando situações de escassez de água, além da região do semi-árido nordestino. Os conflitos cresceram entre usuários e houve piora, devido à poluição, das condições de qualidade dos corpos hídricos que atravessam cidades e regiões com intensas atividades industriais, agropecuárias e de mineração.

A disponibilidade dessa água é bastante variável no território nacional. Depende das chuvas, da conformação e da extensão das bacias hidrográficas[43]. A precipitação média no território nacional é da ordem de 1800 mm[44]. Regionalmente, as médias pluviométricas variam de 600 mm no Nordeste a 2.700 mm no litoral norte da Amazônia. Contudo, os lugares onde mais chove no Brasil não estão na Amazônia, como imaginam mui-

---

42. A superfície total é de 8.532.770 km², o quinto maior país do mundo, com uma população total no ano de 2000 de 169.542.392 habitantes e que hoje ultrapassa os 170 milhões. Mais de 82% da população vive em centros urbanos.

43. As chuvas são um dos principais definidores do clima e sua distribuição espacial e temporal determina os padrões de repartição espacial dos diversos tipos de vegetação existentes no Brasil.

tos, e sim na Serra do Mar, na fachada litorânea entre a região Sul e Sudeste, entre São Paulo e Paraná. Na Amazônia, chove entre 2.500 a 3.000 milímetros por ano. Na região de Ubatuba, litoral norte de São Paulo, chove cerca de 4.000 milímetros por ano. São 4 m³ de água por metro quadrado. Nas proximidades do pico do Marumbi[45], no Paraná, bem próximo à divisa com São Paulo, está o recorde nacional de precipitações: mais de 5.000 milímetros. É chuva suficiente para encher uma piscina com mais de 5 metros de profundidade. As regiões brasileiras onde menos chove estão situadas no interior do Nordeste e em algumas áreas em pleno oceano Atlântico, próximas ao litoral norte do Nordeste.

Nos sertões ou no chamado polígono das secas, chove menos de 600 milímetros por ano. Em Picuí, na Paraíba, chove menos de 300 milímetros anuais. A variabilidade interanual das chuvas no semi-árido brasileiro é muito grande. É comum chover metade da média pluviométrica. A demanda evaporativa é superior a 3.000 milímetros, o suficiente para consumir toda a chuva anual.

Com cerca de 800.000 km², o trópico semi-árido brasileiro chega às proximidades do Equador, no litoral do Piauí e do Ceará. Trata-se de um caso raro no planeta[46]. Nessas condições, a demanda evaporativa, devido ao calor e aos ventos, é muito forte. Isso acentua a aridez do local. Para irrigar e manter uma laranjeira em produção no sertão é necessário colocar cinco vezes mais água do que na Califórnia ou em Israel, onde os outonos e invernos são frios, chegando até a nevar. O risco de salinização aumenta. A demanda climática e as características dos solos nordestinos encarecem e dificultam a expansão da irrigação. Há quatro mil anos, a salinização foi a razão da decadência da agricultura irrigada mesopotâmica, aquela dos jardins da Babilônia. Nos sertões nordestinos, os solos são geralmente rasos, pouco profundos. Grande parte do subsolo dos sertões é caracterizado por rochas cristalinas (granitos, gnaisse, quartzitos...)[47].

44. Trata-se de uma medida vetorial. Cada milímetro de chuva corresponde a um litro de água por metro quadrado. Por exemplo, uma chuva de 30 mm significa que caíram 30 litros de água por m².

45. O pico com 1.539 m de altura, localiza-se dentro do Parque Estadual do Pico do Marumbi, criado em 1990, com área aproximada de 370 ha, no município de Morretes, Paraná.

46. Os grandes desertos estão situados a cerca de 30 graus de latitude ou em fachadas litorâneas banhadas por correntes frias, como na maioria das fachadas ocidentais dos continentes do hemisfério sul, por exemplo.

47. As áreas sedimentares limitam-se a parte do Piauí e do Maranhão e às Chapadas. Lugares onde geralmente chove mais e a demanda evaporativa é menor. A única exceção é a bacia sedimentar do Jatobá, na Bahia, onde encontra-se o famoso Raso da Catarina, lugar tradicional de refúgio dos cangaceiros.

A maioria dos solos do semi-árido não se presta para a irrigação ou exigem muitos cuidados. Não há como perfurar muitos poços. Em menos de dois metros toca-se na rocha, nas regiões de substrato cristalino. Não existe água subterrânea, salvo ao longo de alguns eixos hidrográficos e em áreas de falhas, de ruptura profunda nas rochas. Em geral, a água encontrada nessas situações é de má qualidade, salobra e imprópria para o consumo humano e para irrigação[48], salvo nas áreas de rochas sedimentares. Mesmo assim, há no Nordeste cerca de 30 mil poços já perfurados que nunca receberam sequer equipamentos de extração da água para abastecimento público. No Piauí existem 3.200 poços nessas condições[49]. Em outros locais são poços jorrantes sem aproveitamento[50]. Um retrato de desperdício.

No embasamento cristalino dos sertões, o essencial do que chove escoa superficialmente. É fácil acumular pequenas quantidades de água em açudes, barreiros e cacimbas. Isso explica o habitat rural disperso existente nos sertões, onde os vilarejos são raros. As fontes de água limitadas não permitiam grandes concentrações de população e de animais domésticos num mesmo local.

A disponibilidade efetiva de água superficial para plantas, animais e humanos depende sempre de três fatores: chuvas, demanda evaporativa e capacidade de armazenamento de água nos solos, em rios ou em reservatórios. Em Paris chove tanto quanto em Petrolina, no sertão de Pernambuco. Na Suécia e no Alasca chove menos do que nos sertões. A existência de águas e florestas nessas regiões explica-se pela baixa demanda evaporativa do clima temperado, comparado ao tropical. E a profundidade dos solos pode sempre agravar ou atenuar o problema da disponibilidade de água.

Num ranking da UNESCO envolvendo 180 países sobre a quantidade anual de água disponível per capita, o Brasil aparece na 25ª posição — com 48.314 m$^3$ [51]. Para a Agência Nacional das Águas, esse número é da ordem de

---

48. Pode ser utilizada de forma limitada na irrigação de algumas culturas resistentes ao sal, principalmente capins, mas exige uma série de cuidados e manejo específico.

49. Aldo C. Rebouças. *A sede zero*. Revista Ciência e Cultura. SBPC. São Paulo. 2003.

50. Cerca de 500 mil pessoas sofrem com a seca no sertão do Piauí, enquanto 15 milhões de litros de água são desperdiçados por hora no mesmo Estado. Pelo menos 15 milhões de litros de água própria para o consumo humano e para irrigação são desperdiçados por hora no vale do rio Gurguéia, no Piauí, Estado com mais de um terço de seu território dentro do polígono da seca. A água é jogada fora a céu aberto, como gêiseres artificiais, por cerca de 500 poços abertos ao longo do vale.

30.000 m³/hab./ano⁵². As situações mais críticas estão em algumas bacias litorâneas do Nordeste e no Alto Tietê, onde situa-se a cidade de São Paulo, com disponibilidades inferiores a 700 m³/hab./ano. Na região Norte, esses valores situam-se entre 150.000 m³/hab./ano a 1,8 milhão m³/hab./ano. Em termos hidrológicos, a vazão média brasileira é da ordem de 19 l/s/km². Mas esse número pode variar de 2,3 l/s/km² na bacia hidrográfica do Parnaíba até 41 l/s/km² nas bacias costeiras do norte da Amazônia.

O Brasil, dono de grandes reservas hídricas superficiais, é também um rico proprietário de águas subterrâneas. O país está dividido em 10 províncias hidrogeológicas, compostas de sistemas aqüíferos de grande importância sócio-econômica. Mesmo numa província hidrogeológica de pouca disponibilidade hídrica como a do Escudo Oriental do Nordeste, os sistemas aqüíferos Dunas e Barreiras são utilizados para abastecimento humano nos Estados do Ceará, Piauí e Rio Grande do Norte. O aqüífero Açu é intensamente explorado para atender o abastecimento público, industrial e projetos de irrigação na região de Mossoró (RN).

O principal dos aqüíferos brasileiros tem nome de índio, seguindo a tradição dos jesuítas: aqüífero Guarani, na província hidrogeológica do Paraná. Com seus 45 mil km³ de água doce — suficientes para abastecer o mundo todo, por dez anos —, o aqüífero Guarani⁵³ estende-se por 1,2 milhão de km², sendo 840.000 km² em território brasileiro⁵⁴. Os sedimentos continentais do aqüífero Guarani, diferentemente das unidades hidrogeológicas do mesmo ciclo de sedimentação do planeta, jamais sofreram influência marinha.

A partir do Cretáceo, o mar deixou definitivamente essa parte do continente sul-americano. O ciclo de renovação das águas do aqüífero também é relativamente muito mais curto. Em regiões de similaridade geológica, os aqüíferos, além de terem sofrido a influência das transgressões marinhas, apresentam um tempo para renovação do fluxo da

51. Nesses termos, o país mais pobre em água é o Kuwait (10 m³ anuais por habitante), seguido pela Faixa de Gaza (52m³) e Emirados Árabes Unidos (58m³). Na outra ponta, excetuando-se a Groenlândia e o Alasca, a Guiana Francesa é o país com maior oferta (812.121 m³), seguida por Islândia (609.319 m³), Guiana (316.698 m³) e Suriname (292.566 m³).

52. Esse valor depende de vários critérios.

53. Localizado na região centro-leste da América do Sul, entre 12° e 35° de latitude sul e entre 47° e 65° de longitude oeste, e ocupa uma área de 1,2 milhões de km², estendendo-se pelo Brasil (840.000 km²), Paraguai (58.500 km²), Uruguai (58.500 km²) e Argentina (255.000 km²). Sua maior ocorrência se dá em território brasileiro (2/3 da área total), abrangendo os Estados de Goiás, Mato Grosso do Sul, Minas Gerais, São Paulo, Paraná, Santa Catarina e Rio Grande do Sul.

água da ordem de dezenas de milhares de anos. Grande parte das áreas mais confinadas desses aqüíferos apresenta águas com teores de salinidade muito superiores aos limites de potabilidade. Os aqüíferos da Arábia Saudita, do Egito, da Líbia, da Austrália, da França (Paris) e dos Estados Unidos (Arizona) são assim. O aqüífero Guarani talvez seja a única província hidrogeológica do globo terrestre a apresentar água potável a 2.000 metros de profundidade. E está sendo usado, principalmente em São Paulo. Ele já é a grande fonte de água para o abastecimento e consumo humano de cidades em mais de uma dezena de bacias hidrográficas do Estado de São Paulo.

Essa aparente abundância hídrica do Brasil impressiona qualquer um e muito mais se vier de zonas carentes de água[55]. No clima mediterrânico, de onde vinham os povoadores portugueses, chove principalmente no outono e no inverno. Nessa época existe água nos solos mas a temperatura baixa não permite o desenvolvimento das plantas. O verão é muito quente e seco. As temperaturas permitem o desenvolvimento das plantas, mas quase não há chuvas. Toda a vegetação fica dependendo dos estoques hídricos armazenados nos solos e é um espelho da variabilidade espacial dessa oferta de água. Os primeiros povoadores europeus do Brasil ficavam maravilhados com a primavera quase perene da vegetação costeira do Brasil e com as chuvas intermináveis, o ano todo. Essa disponibilidade hídrica efetiva (climática e geológica) é quem determina, em grande parte, a diferenciação dos biomas, dos ecossistemas e sua utilização pelos humanos. E regula a demanda.

Atualmente, a demanda hídrica exercida pela agricultura brasileira, através da irrigação, representa 56% da demanda total brasileira. Seguem-se as demandas para uso doméstico (urbano e rural, 27%), industrial (12%) e para dessedentação animal (5%). A demanda total brasileira para o ano 2000 foi estimada em 2.178 m$^3$/s. A região de maior demanda é a da bacia do rio Paraná (590 m$^3$/s)[56]. É preocupante. A região hidrográfica do Paraná, com apenas 10%

---

54. O aqüífero Guarani vem sendo objeto de estudos e de elevados investimentos por parte dos quatro países integrantes, com apoio da Organização dos Estados Americanos (OEA) e do Banco Mundial, implementando o Projeto de Proteção Ambiental e Gestão Sustentável Integrada do Sistema Aqüífero Guarani.

55. Portugal recebe muita água da Espanha, concentrada nos vales dos rios Douro e Tejo, principalmente.

56. Agência Nacional de Águas. *Plano Nacional de Recursos Hídricos*. ANA. Brasília. 2002.

do território nacional, representa 27% da demanda hídrica do país. As regiões hidrográficas do Paraná, das bacias costeiras e do São Francisco constituem cerca de 80% da demanda hídrica nacional, em 36% do território e com somente 18% da disponibilidade hídrica superficial do país. Os meses de inverno podem representar momentos difíceis na gestão da água, em vários locais dessas bacias, especialmente no Alto Tietê.

No Brasil, situado quase inteiramente na zona intertropical, ao contrário das regiões da bacia mediterrânica, chove no verão. Em alguns locais, como no litoral do Nordeste e no Rio Grande do Sul, além das precipitações estivais, ocorrem chuvas de outono e inverno. Fora do semi-árido nordestino, é difícil uma região onde ocorram dois meses consecutivos sem nenhuma chuva, de seca absoluta. A temperatura nunca é um fator limitante absoluto para o desenvolvimento das plantas. Quem regula realmente a atividade fotossintética é a dinâmica da disponibilidade de água nos solos. Boa parte dos biomas e dos ecossistemas brasileiros, em seu berço tropical, é produto das águas celestes e terrestres.

# Bacias hidrográficas e biomas brasileiros

São seis grandes biomas no Brasil continental: a floresta amazônica, os cerrados, a mata atlântica, o Pantanal, os campos sulinos e as caatingas, além da Zona Costeira e Marinha. São três grandes bacias hidrográficas (Amazônica, Paraguai/Paraná e São Francisco) e uma série de bacias litorâneas de menor expressão. A fachada litorânea do Brasil, principalmente no Nordeste, é marcada por uma série de pequenas bacias, perpendiculares ao mar, de curta extensão e pequeno caudal. Não existe uma coincidência perfeita entre as diversas bacias e os grandes biomas, mas algumas correspondências são bastante significativas. Em todos os biomas e bacias, as florestas são grandes "produtoras" de águas.

### Amazônia

O espaço da maior reserva de água doce do Brasil e do planeta está na Amazônia. A floresta amazônica situa-se, integralmente, na bacia do mesmo nome. A Amazônia pertencia de fato e de direito aos espanhóis. A linha de Tordesilhas passava entre o Pará e o Maranhão. A eles também cabia o mérito da descoberta. O espanhol Vicente Yanes Pinzón foi o primeiro europeu a enfrentar, provavelmente, a correnteza do rio Amazonas, cujo estuário chamou de Santa Maria de la Mar Dulce[57], logo no início de 1500. Cabral ainda preparava sua viagem até as Índias. Pinzón abasteceu-se de víveres, de água, capturou 36 índios e seguiu viagem rumo ao norte.

Rapidamente, Pinzón foi seguido na embocadura do Amazonas por outro espanhol, Diego de Lepe. Em sua tentativa de desembarque na foz do rio Amazonas, apenas alguns meses depois de Pinzón, esse espanhol terminou por travar um feroz combate com os índios. Eles mataram 10 de seus homens. Talvez por serem parentes dos 36 índios, salteados anteriormente por Pinzón. Os espanhóis eram mesmo os senhores da Amazônia, de fato e de direito.

O interesse dos portugueses pelo rio mar e sua bacia hidrográfica foi imenso, quase mítico. Questionaram a localização exata da linha de Tordesilhas[58]. Rapidamente, fundaram vilas e cidades na embocadura, de um lado Belém e do outro Macapá. Tentavam fechar a entrada, o acesso da bacia amazônica pela foz. Os espanhóis poderiam vir pelos Andes, descendo. Isso levaria muito tempo. A Coroa portuguesa seguiu fundando vilas na embocadura de cada rio importante, buscando controlar o acesso a essas outras sub-bacias: Belém, Santarém, Manaus, Óbidos, Barcelos etc.[59]

Se São Paulo é sinônimo de Nóbrega e Anchieta, Salvador de Tomé de Souza, Rio de Janeiro de Estácio e Mem de Sá e Olinda-Recife de Duarte Coelho, a Amazônia brasileira também tem um nome: Pedro Teixeira. Um século depois das expedições espanholas, sem maiores conseqüências[60], em 1637, os portugueses engajaram-se na exploração da região[61] e tomaram posse de grande parte da bacia, em cuja embocadura já haviam consolidado presença e controle. O Capitão Pedro Teixeira[62] foi designado para comandar uma expedição com o desafio de subir o rio Amazonas e levar as armas portuguesas até os contrafortes dos Andes. A expedição

57. A área de drenagem do Amazonas, somada à do Tocantins, totaliza mais de 6,8 milhões de quilômetros quadrados e é a maior do mundo. Representa um terço da área total da América do Sul e cerca de 20% da água doce que alimenta os oceanos do planeta por todos os rios.

58. Naquele tempo, o cálculo da longitude era muito impreciso, ao contrário da latitude.

59. Quase sempre com nome de cidades portuguesas e não dos santos do dia de sua fundação. Essas cidades desenham um mapa de Portugal, ao longo do rio Amazonas.

60. A primeira descida do rio Amazonas, desde os Andes, em direção à foz, foi realizada em 1541, por Francisco de Orellana. Cerca de vinte anos depois ocorrerá a Segunda expedição, a de Pedro de Ursua e Lope de Aguirre, em 1560/61.

61. Após expulsar os franceses do Maranhão, os portugueses fundaram, no estuário do Amazonas, o Forte Presépio em 1616. Pouco depois, construíram o Forte Gurupá, sobre as ruínas de um fortim holandês.

62. Ele havia combatido os franceses no Maranhão em 1614, participara com Francisco Caldeira Castelo Branco da conquista do Pará e expulsara ingleses e holandeses de Gurupá em 1625.

63. Por razões de sigilo, a expedição não saiu de Belém, mas de Cametá, no baixo Tocantins, em 28 de outubro de 1637, com 47 canoas, setenta soldados e cerca de 1.100 índios. O piloto brasileiro Bento da Costa será o autor do primeiro mapa do Rio Amazonas.

64. Direito de um país sobre território que ocupou de forma efetiva e prolongada, independentemente de título.

partiu para o desconhecido[63], enfrentando sem mapas, nem referências, enormes perigos e dificuldades.

Um destacamento de vanguarda, comandado pelo coronel Bento Rodrigues de Oliveira, foi adiante, explorando o território com mais mobilidade e evitando erros de navegação, perigos de corredeiras, riscos de emboscadas etc. Chegaram ao Rio Napo e começaram a enfrentar correntezas maiores à medida que subiam em direção aos Andes. Na foz do Rio Aguarico, Pedro Teixeira instalou um posto militar. Com uma tropa reduzida, ele prosseguiu, guiando-se sempre pelos sinais identificatórios deixados pelo coronel Bento. Em Payamino, povoação castelhana sob jurisdição de Quito, abandonou as canoas e seguiu a pé. Depois de cinqüenta dias, entre 3.000 e 4.000 metros de altitude, enfrentando o frio da cordilheira, Pedro Teixeira encontrou o coronel Bento, no povoado de Pupas, hoje Pipo. Juntos entraram em Quito, triunfalmente. Foram acolhidos por D. Alonso Perez de Salazar, presidente da Real Audiência de Quito. Por razões políticas, este providenciou o rápido regresso dos lusitanos, acompanhados por dois jesuítas espanhóis.

Em 16 de agosto de 1639, no local onde havia deixado parte do pessoal, Pedro Teixeira fez celebrar uma missa solene, fixou um marco padrão, com as quinas lusitanas, e tomou posse do local, entendido como extremo ocidental da conquista. Uma ata circunstanciada, alusiva ao evento, foi lavrada na ocasião e assinada por todos os presentes, incluindo os jesuítas espanhóis. Ela foi registrada no Senado da Câmara de Belém e homologada nas duas capitais ibéricas. Ela ia tornar inquestionável a posse portuguesa do alto Amazonas, de um imenso universo hídrico.

Os tratados de fronteira ulteriores respeitaram os marcos deixados por Pedro Teixeira. Juridicamente, estava firmado o *uti possedetis*[64] português. Legitimou-se a protuberância amazônica em direção ao Pacífico. O Brasil incorporou mais da metade de seu território atual, a quase totalidade da bacia amazônica e um imenso tesouro hídrico, geológico, biológico e cultural. Em 12 de dezembro, no advento do Natal, Pedro Teixeira, como uma espécie de rei mago equatorial, chegou a Belém (do Pará), depois de mais de dois anos de viagem, com um presente territorial e ambiental inigualável para ofertar às gerações futuras: a Amazônia, além de mapas valiosos, conhecimentos e muitas informações inéditas[65].

Em 1750, o diplomata luso-brasileiro Alexandre Gusmão, secretário privado do rei D. João V, foi o grande negociador do Tratado de Madri, que enterrou definitivamente a velha linha de Tordesilhas. Baseado nos princípios do *uti possedetis*, ele conseguiu legalizar a ocupação de dois terços do atual território brasileiro, seguindo as "fronteiras naturais", o que fez do Brasil um país com limites basicamente geográficos (rios e montanhas). Com o Tratado de Madri, a Coroa portuguesa bipartiu a América do Sul, com a aprovação da Coroa espanhola, a quem cedeu terra em vários contextos, abdicando do atual Uruguai, de um acesso ao estuário da Prata e de terras inclusive na Ásia[66], para dar ao Brasil suas dimensões continentais e, principalmente, a Amazônia[67], a maior reserva de água doce do país e do planeta. Ali encontram-se mais de 1.300 espécies de peixes, o que supera o total de todas as outras bacias do mundo.

## Mata Atlântica

A floresta atlântica recobre uma série de pequenas e médias bacias costeiras, ao longo da fachada litorânea brasileira. A chamada mata atlântica é o resultado da conjugação da evaporação gerada pela corrente marítima quente do Brasil, originária do equador. Essa corrente acompanha a fachada litorânea brasileira em direção ao Sul, atravessada pelos ventos alísios quase perpendiculares à costa. Eles empurram constantemente as nuvens para o interior. A quantidade de chuvas varia em função do relevo,

65. A expedição atravessara a região dos índios cambebas, para os espanhóis, e omáguas, para os lusos. Foram eles que ensinaram aos europeus a utilidade, o preparo e o uso da borracha.

66. Portugal cedeu à Espanha as Filipinas, a Colônia do Sacramento.

67. Evaristo Eduardo de Miranda. *Natureza, conservação e cultura*. Metalivros, São Paulo, 2003.

mas declina rapidamente numa faixa de 100 quilômetros em direção ao interior. Na região de Feira de Santana, na Bahia, em cerca de 80 quilômetros, passa-se de cerca de mais de 2.000 milímetros no litoral para menos de 800 no interior.

Por razões eminentemente geológicas e climáticas, na região litorânea, no domínio da mata atlântica e da pré-Amazônia, situam-se as sucessivas bacias costeiras do Brasil. Dentre as mais expressivas, no extremo oeste do litoral, estão as dos rios desaguando no golfão maranhense e vizinhanças (Pericumã, Mearim, Grajaú, Pindaré, Munim, Itapecuru etc.)[68], a bacia do Parnaíba[69] e, no extremo Sul, os tributários do Guaíba (Jacuí e rio das Antas) e formadores da Lagoa dos Patos, como o Pelotas e o Camaquã[70]. As bacias do Paraíba do Sul, entre São Paulo e Rio de Janeiro, do rio do Peixe e do rio Doce entre Minas Gerais e Espírito Santo também são expressivas no conjunto das bacias costeiras do Sudeste[71].

No centro da fachada litorânea brasileira, o rio São Francisco é um caso à parte. Nasce na região Sudeste, na Serra da Canastra em Minas Gerais, onde estão seus principais tributários, dirige-se para o Norte e atravessa vários biomas e grande parte do semi-árido nordestino, recebendo apenas, em sua margem esquerda, a contribuição do rio Grande no sertão baiano. Sua área é de 638.324 km² e a vazão média da ordem de 3.000 m³/s, cerca de 2% do total do país. Talvez nenhum rio brasileiro tenha sido usado de maneira tão multiforme como o Velho Chico: navegação, transporte, irrigação, abastecimento, geração de energia elétrica, turismo, pesca... e fala-se até de transposição de suas águas.

Mesmo degradados e continuamente corroídos por desmatamentos ilegais, os últimos remanescentes de Mata Atlântica ainda garantem a água de abastecimento de 120 milhões de brasileiros, na extensa faixa Leste do país, responsável por 70% do PIB. Boa parte dos rios que nascem em tais remanescentes deve a qualidade de suas águas à existência

---

68. Com uma área de 254.100 km² e uma vazão média da ordem de 2.500 m³/s, cerca de 1,6% do total do país.

69. Hidrologicamente é a segunda bacia mais importante do Nordeste, após a do São Francisco. Ocupa 344.112 km², entre os Estados do Maranhão (19%) e Piauí (99%) e parte do Ceará (10%). Sua vazão média é estimada em 763 m³/s, cerca de 0,5% do total do país.

70. Com uma área de mais de 185.000 km² a região das bacias costeiras do Sul tem uma vazão média de 4.129 m³/s, 3% do total nacional.

71. Essa região hidrográfica abrange uma área de 230.000 km² (2,7% do território nacional) e apresenta uma vazão total média de 3.286 m³/s, cerca de 2% do país. Sua densidade demográfica é de 111 habitantes por km² enquanto a média nacional é da ordem de 20.

da floresta, sobretudo nas áreas de relevo acidentado, onde a retirada da vegetação nativa significa acelerar processos de erosão e deterioração ou ressecamento de nascentes. Estimativas a respeito da erosão hídrica nas áreas agrícolas e pecuárias do Brasil indicam perdas anuais de 823 milhões de toneladas de solo e de 171 bilhões de m³ de água, gerando elevados prejuízos sócio-econômicos e ambientais nas fazendas e nas áreas a jusante[72]. Para os agropecuaristas, a erosão causa a depreciação do valor de venda da terra e perdas em produtividade das culturas, decorrência da perda de nutrientes. Somente para a reposição dos nutrientes carreados pela erosão seriam necessários mais de 25 milhões de toneladas de calcário e adubos (superfosfato triplo, uréia, sulfato de amônia, cloreto de potássio), totalizando mais de 2,6 bilhões de dólares americanos por ano, incluindo a reposição das perdas de matéria orgânica, as quais ultrapassam 30 bilhões de toneladas[73]. Esse valioso serviço ambiental prestado pela mata, no entanto, nem sempre é conhecido ou reconhecido[74].

## Pantanal

O caso do Pantanal é curioso. Suas águas não são suas. Situado integralmente na bacia do Paraguai[75], boa parte do Pantanal pertence a uma região de clima semi-árido, parecida com o Chaco boliviano e argentino, com precipitações inferiores a 900 mm. A evaporação é bem superior às precipitações e gira em torno de 1.250 mm. As chuvas nas cabeceiras da bacia do Paraguai/Paraná acabam trazendo abundantes águas de superfície e inundam essa grande planície interior.

As pequenas elevações, como na região de Corumbá, apresentam uma vegetação muito similar à das caatingas, em pleno Pantanal, tanto do ponto de vista florístico, como fisiológico e estrutural. Data do últi-

72. O principal programa de conservação de solo e água do país foi implementado no Paraná e é fruto de uma forte parceria entre os governos estadual e federal e o Banco Mundial. Ele assume a erosão como um problema ambiental e a organização dos produtores fundamental para a busca de alternativas comuns. Conseguiu um incremento em 60% na área conservada, com 70% de diminuição no aporte de sedimentos nos mananciais, refletindo na qualidade dos recursos hídricos, com maior quantidade e qualidade de água oferecida, implicando em uma redução de até seis vezes no custo de tratamento de água, além do aumento de 59% na renda bruta da mão-de-obra familiar.

73. Agência Nacional de Águas. *Plano Nacional de Recursos Hídricos*. ANA. Brasília. 2002.

74. "Quando se discutem políticas de gestão, há uma forte compartimentalização, mesmo entre especialistas em meio ambiente: quem trabalha com a gestão de recursos hídricos está muito empenhado em resolver os problemas quantitativos através de obras hidráulicas, e os problemas qualitativos através de saneamento, esquecendo a função das florestas como produtoras de água, em quantidade e com qualidade. E o inverso também é verdadeiro: quem faz a gestão de recursos florestais costuma pensar na biodiversidade, mas desconhece a legislação dos recursos hídricos ou até a biodiversidade dos ecossistemas aquáticos", afirma a socióloga e especialista em gestão ambiental, Heloísa Dias, gerente nacional do programa Água e Florestas da Mata Atlântica.

75. O rio Paraguai nasce em território brasileiro e sua bacia hidrográfica abrange mais de 1 milhão de km$^2$, dos quais cerca de 33% no Brasil. A vazão média é de 1.833 m³/s, cerca de 1% do total do país.

mo quartel do século XX a ocupação desenfreada do cerrado pela atividade agrícola moderna, intensificada e mecanizada. Os cerrados ocorrem quase sempre em posições topográficas, situadas em divisores de águas, principalmente entre as grandes bacias, no Brasil Central. O Pantanal sofre as conseqüências dos desmatamentos nas cabeceiras dos rios formadores da bacia do Paraguai, como no alto Taquari, cada vez mais assoreado e cujo leito muitas vezes desaparece entre bancos caóticos de areia e sedimentos.

No próprio Pantanal, a crescente implantação de estradas prejudica a dinâmica hídrica; o surgimento de cercas cria verdadeiras arapucas para o gado em caso de enchentes e, finalmente, o desmatamento das cordilheiras, pequenas elevações florestadas em meio à planície inundada, e o uso crescente do fogo marcaram a ocupação e o uso das terras pantaneiras no final do século XX. Paralelamente, o desenvolvimento da pesca e do turismo ecológico tem apresentado uma forte adesão local e significa uma nova perspectiva para um convívio mais harmonioso entre homem e natureza, nessa planície inundável de mais de 200.000 km². Para os amantes da pesca esportiva é bom lembrar: 260 espécies de peixes na região dependem da manutenção da qualidade dos recursos hídricos. O saneamento dos principais núcleos urbanos da região é tarefa urgente.

Excetuando-se o caso dos desmatamentos recentes nas áreas de cordilheiras, onde a vegetação nativa é substituída por pastagens plantadas, o Pantanal ainda se mantém em relativo equilíbrio ambiental, com suas matas, coxilhas[76], baías e pastagens preservadas. A vida selvagem, e em particular os répteis, aves e carnívoros selvagens, mantém efetivos populacionais significativos nas terras pantaneiras. Esse mosaico de ecossistemas terrestres e aquáticos segue sendo utilizado como base de uma pecuária extensiva, mas bastante rentável.

## Cerrados e campos naturais

Nos cerrados, o tempo da pecuária extensiva pertence cada vez mais ao passado. A partir da década de 60, com a mudança da capital do Brasil para o coração do país e dos cerrados, o desenvolvimento econômico e o crescimento da população dessa região foram significativos. No último quarto do século XX, as novas tecnologias de manejo e conservação de solos tornaram as terras dos cerrados produtivas para o plantio de grãos e de cana-de-açúcar. Os cerrados recuaram diante de uma expansão sem precedentes da agricultura, da pecuária intensiva e também do reflorestamento comercial com espécies exóticas.

Quando essa agricultura é feita com cuidado, empregando tecnologias como a do plantio direto, os solos são protegidos. As águas infiltram e a erosão é pequena. E a produtividade é alta. Nem sempre é assim. Os desmatamentos desrespeitam as matas ciliares, as veredas e os brejos. As águas desaparecem. Os rios circulam de forma subterrânea. Os buritizais morrem. E as queimadas terminam com esses ecossistemas mais úmidos, típicos do bioma dos cerrados. A ocupação dos cerrados ocorreu por agricultores do Sul, atraídos pela grande disponibilidade de terras a preço baixo e pelos incentivos fiscais para a abertura de novas áreas. Hoje os cerrados abrigam cerca de 40% do rebanho do Brasil e são a segunda região produtora de grãos do país.

No prazo de menos de vinte anos praticamente desapareceram as áreas nativas de cerrados em São Paulo, triângulo mineiro e em grandes regiões do Mato Grosso, Goiás, Tocantins e no chamado *novo* Nordeste, principalmente no oeste da Bahia[77], e também no sul do Maranhão e no sudoeste do Piauí. Hoje, menos de 20% dos cerrados subsistem preservados e com uma utilização de pecuária extensiva. Os sistemas de exploração sustentáveis, desenvolvidos ao longo dos séculos XVIII e XIX durante a Coroa portuguesa

76. Extensão de terra com pequenas e médias elevações, constituindo uma espécie de ondulação, e na qual se desenvolve a atividade pastoril.

77. Pesquisas da Embrapa Monitoramento por Satélite indicam uma expansão de quase 2 milhões de hectares da agricultura intensificada nessa região entre 1987 e 2002, em detrimento dos cerrados.

e o Império do Brasil, extinguiram-se antes do término do século XX, ameaçando a qualidade e a disponibilidade de recursos hídricos sobre vastas extensões territoriais, já que os cerrados ocupam a posição de verdadeiras caixas d'água das bacias hidrográficas locais e regionais.

Os campos sulinos também vêm sendo objeto de um florestamento sistemático. No Rio Grande do Sul crescem a fruticultura e o plantio de acácia negra. No sul do Estado de São Paulo, na região de Itararé, os campos naturais vêm sendo transformados em florestas monoespecíficas de pinheiros exóticos e eucaliptos. Uma espécie de lepra verde em extensão permanente.

Caatingas

As águas traçaram a geografia dos sertões. Extremamente diversificadas, as caatingas estendem-se por cerca de 800.000 km² e compreendem várias unidades de vegetação e de paisagens naturais. Ali, o desenvolvimento da pecuária foi possível graças à adaptação dos ruminantes à aridez do clima. A história de ocupação humana não recorreu aos escravos, mas foi feita com base em homens livres. A baixa densidade populacional, vinculada às grandes extensões de área necessárias para manter um rebanho[78], determinou a existência de um habitat rural disperso, próximo a pontos de água, como já foi evocado. Essas reservas acumuladas em açudes no período chuvoso eram incapazes de abastecer grandes populações. Se algum proprietário, no século XVIII ou XIX, enviasse seus animais com um escravo para vaguear pelas caatingas, em busca de invernadas, não voltava ninguém.

A ocupação do semi-árido nordestino começou cedo e, posteriormente, foi planejada e financiada pelas companhias portuguesas de colonização. As sedes das propriedades localizaram-se de forma esparsa, ao longo

78. A manutenção de cada bovino requer cerca de 10 ha de caatinga.

dos vales, dos rios temporários ou perenes, como no caso do São Francisco, do Jaguaribe e alguns de seus afluentes. Essa ocupação seguiu um esquema de ordenamento territorial com centros de apoio e dispersão nos chamados "brejos", no entorno de serras e relevos como a Chapada Diamantina, a Chapada do Araripe, a Serra da Ibiapaba, a Chapada da Borborema etc.; corredores de comercialização; ações de transferência de povoadores portugueses para os diversos locais, seguindo uma lógica pré-definida de expansão geográfica etc.; apoio militar na defesa contra ataques indígenas; entrepostos para destinar o gado a ser comercializado; financiamentos etc.[79]

Todos esses biomas têm diversas funções ambientais e, entre elas, a da reciclagem da água. A floresta amazônica recicla grande quantidade da água das chuvas, pela transpiração das árvores e das plantas. Essas águas nunca caminham diretamente para o mar. Contribuem na difusão do calor e nas trocas de energia entre os dois hemisférios do planeta. A Amazônia não é o pulmão do planeta, mas um de seus importantes "climatizadores". Funciona como um grande "ar condicionado". A água circula o tempo todo. Sobretudo nos oceanos. Por estarem essencialmente na zona intertropical, o tempo de reciclagem da água é bastante rápido na maioria dos biomas brasileiros. Não é bem assim no resto do planeta.

Como ordem de grandeza, a água leva cerca de 16 mil a 30 mil anos para se renovar nas calotas polares e no lento caminhar das geleiras. Cerca de 3 mil anos nos oceanos, 300 anos nas águas subterrâneas, podendo variar de um a cem anos no caso dos lagos. Nos solos, a renovação da água é praticamente anual, enquanto nos rios é questão de dez a trinta dias, dependendo da vazão. A cada dez dias, em média, renova-se também grande parte do vapor de água presente na atmosfera. Essa dinâmica hídrica permite a recuperação relativamente rápida de corpos d'água quando cessam ou são controladas as fontes de poluição. Se o rio Tietê deixas-

79. José Ribeiro Jr. *Colonização e Monopólio no Nordeste Brasileiro. A Companhia Geral de Pernambuco e Paraíba*. HUCITEC, São Paulo, 1976.

se de receber esgotos e outros poluentes, rapidamente suas águas se recuperariam. Foi assim no Tâmisa, no Reno, no Sena e em outros rios, outrora poluídos. Mas a vida das águas é tão difícil. Os humanos as mobilizam em permanência, para os mais diversos e inimagináveis propósitos. Tem água para tudo.

TEM ÁGUA PARA TUDO?

# O uso múltiplo das águas no Brasil

Água doce, doce água. Água é para usar. Sem abusos. Segundo o especialista em direito ambiental, Paulo Affonso Leme Machado[80], cada ser humano tem direito a consumir ou usar a água para as suas necessidades individuais fundamentais. Esse consumo da água realiza-se diretamente por sua captação dos cursos de água e lagos ou pelo recebimento da água através dos serviços públicos ou privados de abastecimento. A existência do ser humano, por si só, garante-lhe o direito a consumir água ou ar. Negar água ao ser humano é negar-lhe o direito à vida ou, em outras palavras, é condená-lo à morte. O direito à vida antecede os outros direitos[81]. As expressões "necessária disponibilidade de água" e "efetivo exercício do direito de acesso à água" estão presentes na Lei 9.433/1997[82]. Não se pode duvidar que há um direito de captação "insignificante" sem que haja necessidade da autorização de qualquer órgão governamental. A lei brasileira reconhece, sem nenhuma dúvida, o direito à água.

Não se sabe exatamente quais são os estoques hídricos médios das nações. As flutuações meteorológicas e climáticas, a deficiência de equipamentos de medida de chuva e de vazão dos rios, a insipiência das redes sinópticas de coleta de dados hidro-meteorológicos etc. dificultam uma

---

80. Paulo Affonso Leme Machado. *Água, direito de todos*. Agência Estado. São Paulo. 2003.

81. A Constituição da República Federativa do Brasil reafirma a garantia à inviolabilidade do "direito à vida" (art. 5º). As Constituições anteriores de 1967 (art.150) e de 1946 (art.141) já asseguravam esse direito.

82. Essa lei quer, e não poderia deixar de querer, que todos tenham água. "Independem de outorga pelo Poder Público, conforme definido em regulamento: as derivações, captações e lançamentos considerados insignificantes" (art. 12, § 1º, II da 9.433/1997).

avaliação mais circunstanciada. Para alguns, o Brasil possui 12 ou 16 ou até 20% da água doce do planeta, sem nunca darem o valor total dessa água em km³. Por que tamanha variação? Faltam dados precisos. Como ordem de grandeza, o Brasil possui cerca de 10 a 12% da água doce superficial do planeta. Não mais. A vazão média anual dos rios em território brasileiro é da ordem de 160.000 m³/s. Se se considerar a contribuição da parte da bacia amazônica situada fora do território brasileiro, estimada em 85.700 m³/s, a disponibilidade hídrica atinge valores da ordem de 245.700 m³/s.

A distribuição espacial dos recursos hídricos brasileiros não coincide com as demandas da população. A região Norte, com apenas 7% da população brasileira, reúne 68% da água doce do país na bacia amazônica. O Nordeste, com 29% da população, tem apenas 3% da água doce[83]. No Sudeste, a situação é ainda pior: 43% da população e menos de 6% da água doce de superfície[84]. No interior de cada Estado, a situação também é variável[85]. As águas se prestam humildemente às mais diversas aplicações e usos por parte da humanidade. A visão antropocêntrica esquece que o maior e primeiro uso das águas é o dos ecossistemas.

## Água para os ecossistemas

A água é o elemento de vida de milhões de espécies de vegetais e animais aquáticos (peixes, répteis, anfíbios e uma infinidade de invertebrados) e terrestres. Um rio não é um simples canal de água. Ao retirar-se água da rede hidrográfica ou alterar-se seu escoamento, cria-se um impacto ambiental negativo sobre as populações faunísticas. A visão da água como um recurso para os humanos é tão antropocêntrica que, para muitos, o resto das formas de vida parece não existir. Ao retirar água de um corpo hídrico, poucos se dão conta das formas de vida prejudicadas e do

---

83. Paraíba e Pernambuco contam com menos de 1.500m³ de água/habitante/ano, índice considerado pela ONU como o mínimo para a vida em comunidade.

84. A região possui grandes estoques hídricos subterrâneos de qualidade, no aqüífero Guarani.

85. No Estado de São Paulo, por exemplo, em média, a situação é boa. A disponibilidade de água por habitante/ano é de 2.900 m³, isto é, 400 a mais que o índice considerado bom. E quase o dobro do mínimo, que é de 1.500 m³ por habitante/ano, porém, ao decompor por região hidrográfica, são encontradas quatro regiões em situação crítica. A do Alto Tietê, com apenas 200 m³/habitante/ano, ou seja, 1/7 do mínimo, a região do Turvo Grande, com 900 m³ e a do Mogi, com 1.500 m³/habitante/ano.

alcance dessa ação predatória para o ecossistema. Pior ainda do que a captação costuma ser o impacto da devolução da água usada pelos humanos, raramente tratada de forma adequada. Nunca o planeta precisou tanto de água para seus ecossistemas e não somente para seus humanos. Além da retirada e da degradação da qualidade da água, toda barragem, canal, retificação e alteração no leito, na margem ou nas vizinhanças dos rios (retificações, desmatamentos, ocupação agrícola, urbana etc.) provocam impactos negativos sobre os ecossistemas aquáticos, lacustres, palustres e marinhos.

Água para os ecossistemas e não somente para os agroecossistemas e sistemas industriais urbanos. Os ecossistemas brasileiros pedem por mais água limpa. Água para os peixes, aves e répteis do Pantanal e para toda a fauna da caatinga. Águas livres para as populações de peixes e outros seres aquáticos, hoje compartimentadas pelas barragens nos rios, principalmente nas regiões Sul, Sudeste e na bacia do rio São Francisco. Águas limpas para os rios e seus habitantes. A biodiversidade não pode existir sem matas ciliares, florestas de galeria, várzeas, lagoas marginais, campos abertos de várzeas, meandros, sacos, canais, paranãs, ilhas, praias e barrancos. Em face de humanos ávidos e sedentos, os ecossistemas também clamam por água. A água não pode ser vista apenas como uma *commodity*, como um insumo industrial, agrícola, mineral e urbano. É necessário refletir sobre sua origem e investir na proteção dos mananciais.

Tem havido uma excessiva ênfase na redistribuição dos usos da água entre indústrias, agricultura e para o abastecimento de populações humanas, sem a necessária atenção à origem da água. Ela depende imensamente da saúde dos ecossistemas. Eles a reciclam e garantem tanto a qualidade, como a quantidade dos estoques de água do planeta. Não se pode simplesmente dividir a água entre os diferentes usos humanos. A natureza depende igualmente dela. A proteção aos ecossistemas é fundamental para a própria manutenção dos recursos hídricos. *"Nossos próprios corpos e a superfície da Terra são constituídos de mais de 70% de água. Nem nós, nem o planeta, sobrevivemos sem ela"*, discursou a rainha Noor Al Hussein, viúva do rei Hussein da Jordânia e patrona da União Internacional para a Conservação da Natureza, IUCN, no Fórum Mundial da Água. Segundo a rainha Noor: *"Não podemos competir com a natureza, nem controlá-la, mas podemos trabalhar com ela e uns com os outros, para realizar nosso sonho de água limpa, ecossistemas saudáveis e sociedades prósperas para todas as populações do globo"*.

A solução do saneamento

A água é um poderoso solvente. É capaz de diluir efluentes industriais e domésticos com facilidade. É a grande via de saneamento das casas e das cidades. Serve até para purificar corações, limpar mentes, lavar almas e apagar pecados. Por razões de custo elevado, a maioria das empresas públicas e privadas de saneamento devolvem o esgoto aos rios *in natura*, sem nenhum tratamento[86]. Coletam mas não tratam. Cobram pelo uso de suas tubulações, funcionando por gravidade.

A Pesquisa Nacional de Saneamento Básico (PNSB), divulgada pelo Instituto Brasileiro de Geografia e Estatística (IBGE), registrou 52,2% de localidades com residências ligadas à rede de esgoto sanitário. No ano 2000, o Brasil atendia 77,8% dos domicílios com água e 47,2% com esgotos. Se considerados os domicílios com fossas sépticas, a cobertura de esgotamento sanitário chegava a 62,2%. O déficit de atendimento era de 9,9 milhões de domicílios para abastecimento de água e 23,6 milhões para esgotos (ou 16,9 milhões, se considerados os domicílios com fossas sépticas). Proporcionalmente, o déficit de atendimento é maior na zona rural, onde apenas 1,35 milhões de domicílios — dos 7,46 milhões existentes —

86. A maioria dessas empresas cobram dos consumidores tanto o fornecimento de água (custos de captação, tratamento e distribuição), como as despesas de escoamento e esgoto, em geral, em valores equivalentes. Mas não tratam a maioria dos esgotos.

estão ligados às redes de abastecimento de água. E somente 960 mil estão ligados a redes coletoras de esgotos ou dispõem de fossas sépticas. Pelo menos 4,3 milhões de domicílios rurais dependem da água de nascentes ou poços localizados na propriedade, sem garantias de que seja uma água potável segura[87].

Quando as redes coletoras de esgoto vêm substituir as fossas sépticas, isso representa quase sempre uma péssima notícia para os rios. Ao ampliar a rede de coleta de esgotos, ampliam-se os níveis de poluição hídrica. Coleta de esgoto não é sinônimo de tratamento de esgotos. O Brasil trata apenas 18% do total de esgotos coletados. Esse baixo índice de tratamento reflete-se na qualidade da água e reduz a disponibilidade hídrica. O Distrito Federal e os Estados de São Paulo, Rio de Janeiro e Bahia possuem os melhores índices de tratamento de esgotos: superior a 30% dos esgotos gerados. A carga orgânica doméstica remanescente é estimada para o país em cerca de 6.400 ton. DBO/dia[88], sendo que São Paulo e Rio de Janeiro respondem por 20% do total nacional.

## Consumo e abastecimento da população

Segundo a Organização Mundial da Saúde (OMS), uma pessoa precisa ou consome, direta ou indiretamente, cerca de 40 litros de água por dia para manter sua saúde. Pessoas precisam de água para beber, cozinhar, lavar, higienizar, suprir seus animais domésticos etc. Uns mais, outros menos. Na principal pesquisa domiciliar brasileira, a do Censo, na qual o habitante é a fonte de informação, a taxa é de 77,8% domicílios com abastecimento de água. A PNSB, com base em dados das prefeituras e das empresas concessionárias dos serviços públicos, indica: 63,9% das residências têm acesso ao abastecimento em água potável. A realidade deve andar em algum lugar entre essas duas estimativas.

87. Entre 1980 e 1991, a população urbana brasileira passou de 80 para 111 milhões e a cobertura dos serviços urbanos de água passou para 86,3%, com a incorporação de 32,4 milhões de pessoas ao atendimento. No mesmo período, o esgoto de 23,5 milhões de pessoas passou a ser coletado. Entre 1991 e 2000, a cobertura dos serviços de água alcançou 89,8% da população urbana, incorporando 28,1 milhões de pessoas. E mais 24,1 milhões tiveram acesso à coleta de esgotos.

88. A DBO estima a demanda bioquímica de oxigênio (DBO5) para ser assimilada a carga orgânica poluidora e serve para classificar o nível de degradação das águas superficiais.

Parte considerável da água potável consumida pela humanidade vem de aqüíferos subterrâneos e não somente dos rios, lagos e barragens, como imaginam muitos. O nível dos lençóis freáticos descende se estes forem explorados em demasia. Se a profundidade aumenta e a vazão diminui, deixa de ser rentável ou prático escavar poços artesianos. Em certos casos explora-se água fóssil, de aqüíferos que não se renovam, como por exemplo no deserto da Líbia.

No Maranhão, mais de 70% das cidades são abastecidas por águas subterrâneas. No Piauí, esse percentual supera os 80%. A água subterrânea tem também um importante papel no abastecimento público de muitas cidades do Estado de São Paulo. Segundo relatório da CETESB[89], em 1997, cerca de 72% dos 645 municípios paulistas eram total ou parcialmente abastecidos por esse recurso hídrico e 47% deles, inteiramente abastecidos por água subterrânea. Muitas vezes isso ocorre sem o menor controle da autoridade pública. Na Grande São Paulo existem mais de 10 mil poços não controlados em operação abastecendo *shoppings*, condomínios, indústrias, hospitais, hotéis etc. Nas outras regiões metropolitanas e em cidades mais importantes como Manaus, Belém, São Luiz, Fortaleza, Natal ou Recife, o quadro é praticamente o mesmo[90]. Entre essas cidades paulistas, regularmente abastecidas por água subterrânea, podem-se destacar Catanduva, Caçapava, Ribeirão Preto, Tupã, Jales e Lins. Outras importantes cidades do país abastecem-se integral ou parcialmente de águas subterrâneas, como Mossoró e Natal (RN), Maceió (AL), Barreiras (BA) e a região metropolitana de Recife.

Em 13 bacias hidrográficas do Estado de São Paulo, a água subterrânea é fonte prioritária de abastecimento. Em função da qualidade dessas águas, a participação delas tende a crescer, como está ocorrendo em outros países, principalmente nos mais desenvolvidos. Na maioria desses casos, a grande fonte subterrânea está a 500 e até 1.500 m de profundidade, o aqüífero

89. Companhia de Tecnologia de Saneamento Ambiental da Secretaria do Meio Ambiente de São Paulo.

90. Aldo C. Rebouças. Ibidem.

Guarani, principal manancial subterrâneo do Estado de São Paulo. No Estado do Rio de Janeiro, também foram delimitados quatro aqüíferos com água excelente e grande potencial de produção. Eles foram batizados pelos nomes de Fraturado, Terciário Formação Barreiras, Terciário Formação Emborê e Quaternário, este último com uma reserva de 11,7 bilhões de m$^3$.

Contudo, quando um poço seca, pode provocar um desastre econômico e humano. Na Índia e no Sahel já vêm ocorrendo essas tragédias. O alimento de um bilhão de habitantes das planícies centrais da China e da Índia depende de recursos hídricos subterrâneos. Há razões de sobra para se preocupar com seu esgotamento. O aqüífero Beberibe, na região metropolitana de Recife, é explorado por mais de 2.000 poços de condomínios residenciais, hospitais e escolas. O crescimento desordenado dos poços tem provocado significativos rebaixamentos do nível da água e problemas de intrusão de água salina em Boa Viagem, em Recife. Os esgotos humanos e urbanos, os resíduos industriais, os fertilizantes e agrotóxicos também contaminam os aqüíferos subterrâneos. O saneamento de águas subterrâneas leva muitos anos, é caríssimo e, em geral, impraticável para o nível tecnológico atual. Originária dos rios ou dos aqüíferos subterrâneos, cerca de 10% da água doce mundial serve para o consumo humano, sendo que no Brasil estima-se essa porcentagem em 18%. E os outros 80 a 90%, para onde vão? Em geral, para as plantas.

Irrigação: água para as plantas

A agricultura, através da irrigação, consome no mundo cerca de 72% da água doce do planeta. Existem países, como os asiáticos, onde essa porcentagem é bem maior. O Brasil já consome em irrigação cerca de 60% de sua água doce, com projetos crescentes em área e distribuição geográfica. Na área dos cerrados verifica-se uma das maiores expansões da irrigação, pois o clima e os solos (em geral com boas características de drenagem) são adequados ao emprego dessa técnica. As principais bacias servindo à irrigação são as do rio São Francisco, Araguaia, Tocantins e Paraná. Na região oeste da Bahia a expansão da irrigação nos últimos quinze anos chega a comprometer a disponibilidade de água na jusante de uma série de rios da bacia do São Francisco. Na região foram instalados mais de 21 mil hectares irrigados por pivôs entre 1987 e 2002. Até no domínio florestal da Amazônia, a área irrigada vem crescendo ano a ano. Em Rondônia, por exemplo, o café vem sendo irrigado com bastante sucesso, em pequenas propriedades, em antigos projetos de colonização e assentamento, como no município de Machadinho d'Oeste.

A água de irrigação leva sais e deve também lavar os solos, evitando o acúmulo de sais, principalmente em regiões de significativo déficit hídrico, como o semi-árido nordestino. Um dos maiores fatores limitantes da irrigação no vale do rio São Francisco ainda é a inexistência de solos adequados, com boas características de drenagem. Mesmo em perímetros de irrigação bem estruturados e recentes, como o Projeto Nilo Coelho em Petrolina, Pernambuco, já existem problemas de salinização de alguns solos.

Nos cerca de três milhões de hectares irrigados existentes no Brasil, 56% são por gravidade ou escoamento superficial da água, 19% por pivô central e 18% por aspersão convencional. Predominam os métodos menos eficientes de uso da água. Irrigar por escoamento superficial no Nordeste é quase um crime ambiental, pois as perdas d'água são enormes por evaporação e percolação. Entretanto, enquanto a água não for devidamente tarifada ou deixar de ser ofertada quase gratuitamente por entidades e investimentos públicos ineficientes, o problema persistirá. O desperdício de água nas regiões mais carentes de recurso hídrico é a regra. Como a antiga tradição da intervenção do Estado, de forma centralizada e fragmentada, no tema da água no semi-árido brasileiro.

Administrador e proprietário de grandes reservatórios, o Estado nunca foi capaz de articular essa disponibilidade com outras políticas públicas como as agrícolas, agrárias e ambientais. A pura emancipação dos perímetros irrigados não tem sido uma solução e tem gerado mais problemas de fracasso e ineficiência. Algumas experiências de planejamento e gestão participativa de águas no semi-árido, através de Comitês de Bacias ou Conselhos Gestores de Açudes, como vem ocorrendo especialmente no Ceará, têm dado resultados alentadores, tanto na gestão mais eficiente da água, como no exercício da cidadania[91].

Transporte e navegação em leitos de águas

No passado, os rios foram a via de exploração do território nacional. À margem dos rios desenvolveram-se a maioria das cidades e vilas brasileiras. A instalação de hidroelétricas e a degradação dos rios devido ao desmatamento das bacias levaram a uma perda de navegabilidade em muitos e extensos rios brasileiros como o Paraná, o São Francisco, o Parnaíba etc. Além do consumo, do saneamento e da irrigação, as águas e os corpos hídricos prestam-se a usos diversificados e muitas vezes excludentes. Entre os principais usos produtivos e os serviços dos bens hídricos no Brasil estão o transporte e a navegação.

Logo após a descoberta do Brasil, a Coroa portuguesa montou uma estratégia de controle e defesa do território, levando em conta a rede hidrográfica. Cidades foram sistematicamente fundadas na foz dos mais diversos rios visando o controle das bacias. Na Amazônia, rio acima e na bacia do Prata, rio abaixo. Ao chegar ao Brasil, em Capitão General e Governador da Capitania de São Paulo (1765-1775), D. Antonio Luís Souza Bueno Botelho Mourão, o Morgado de Mateus[92], acompanhado de vários cartógrafos, desenhou e implantou o projeto de várias estradas concebi-

---

91. Rosana Garjulli. *Os recursos hídricos no semi-árido.* Revista de Ciência e Cultura. SBPC. São Paulo. 2003.

92. Nos dez anos que aqui permaneceu, a Capitania de São Paulo, pelo influxo desse fidalgo, ganhou novo alento, graças à atividade agrícola que então passou a ser exercida pelos paulistas, visando à exportação de seus produtos. Povoações foram fundadas, geralmente na confluência de rios, com o fim de reunir a gente esparsa pelo vasto território. Entre essas povoações, figuram Campinas e Piracicaba, por exemplo. Em documento, autorizando a fundação da povoação da Vila de Iguape, na foz do rio Ribeira de Iguape, salientava o Morgado de Mateus que isso devia ser feito para congregar as pessoas que viviam esparsas na Capitania. Essas pessoas deviam morar em lugares onde houvesse pelo menos cinquenta vizinhos. Essa medida tornava-se necessária porque era contra o serviço de Deus viverem em matos, longe do comércio e dos rios, sem assistência religiosa e sem tempo para prestar serviço à res publica.

das e desenhadas de forma a integrar um conjunto de vias construídas no sentido meridional, ligando a foz do Prata a São Paulo, São Paulo a Goiás e o Planalto Central a Belém, na foz do Amazonas[93].

As hidrovias brasileiras, cada vez maiores, asseguram a navegação e o transporte de bens e pessoas, em larga escala, como na hidrovia Tietê — Paraná, na hidrovia do Araguaia, do Madeira e do Paraguai. Poucos rios da Amazônia são permanentemente navegáveis para embarcações modernas de transporte de carga. Na calha norte do Amazonas praticamente nenhum rio é navegável além do Negro. Poucos rios do Acre e de Rondônia são navegáveis, nas condições evocadas. O mesmo ocorre no Mato Grosso.

Onde a navegação é possível, a via hídrica tem sido explorada. Os custos de transporte são bastante reduzidos quando as mercadorias caminham sobre as águas e garantem maior competitividade econômica no mercado nacional e internacional. Na navegação tradicional, como a dos indígenas, ribeirinhos, caiçaras etc., as embarcações adaptam-se ao rio. Nas hidrovias, os rios são adaptados (aprofundamento de calhas, retificação de leitos, desassoreamento, barragens etc.) às embarcações modernas. O mesmo acontece atualmente nos portos marítimos. Isso pode afetar a vida das populações ribeirinhas e toda a biodiversidade. Da mesma forma, os ribeirinhos também podem afetar a navegabilidade dos rios, causando o assoreamento pelo uso inadequado das terras.

### A geração de energia pela água

Há quase dois séculos a humanidade descobriu a possibilidade de gerar energia elétrica com barragens colocadas no meio do ciclo hidrológico, entre os céus e o mar. Antes, as barragens serviam para irrigação, para controlar o rio, para pescar e para matar a sede dos humanos e dos animais. Diante da sede de energia e progresso, as barragens começa-

---

93. Antonio da Costa Santos, *Compra e Venda de Terra e Água e um Tombamento na Primeira Sesmaria da Freguesia de Nossa Senhora da Conceição das Campinas do Mato Grosso de Jundiaí 1732-1992*. 295f., 1998, Tese (Doutorado em Arquitetura e Urbanismo) – Universidade de São Paulo, São Paulo.

ram a aparecer na beira de despenhadeiros, ao lado de cachoeiras, corredeiras e cânions. Muitos rios acabaram virando uma sucessão de lagos, bem lisinhos, como o Tietê, no Estado de São Paulo. Deu certo. Hoje o Brasil conta com um dos maiores parques hidroelétricos de todo o mundo. A potência total instalada é da ordem de 65.000 MW, o que representa 79% de toda a energia elétrica produzida no Brasil. Ainda existe um grande potencial hidroelétrico não explorado na Amazônia, principalmente no rio Xingu.

A primeira usina elétrica brasileira data do Império do Brasil e foi instalada em 1883, na cidade de Campos (RJ). Era uma usina termelétrica[94]. A primeira usina hidroelétrica brasileira foi construída pouco depois no município de Diamantina (MG), aproveitando as águas do Ribeirão do Inferno, afluente do rio Jequitinhonha. A primeira hidroelétrica do Brasil para serviços de utilidade pública foi a do rio Paraibuna e produzia energia para a cidade de Juiz de Fora (MG). A industrialização do início do século XX e a Primeira Guerra Mundial mudaram esse panorama. Em 1930, o Brasil já possuía 891 usinas, sendo 541 hidroelétricas, 337 térmicas e 13 mistas.

Esse novo uso das águas vai ganhar prioridade na disputa dos usos múltiplos e gerar muitos conflitos entre abastecimento, irrigação, navegação etc. *Energie d'abord!* Primeiro a energia, o resto... é o resto. O grande potencial hidroelétrico brasileiro representa uma indiscutível vantagem comparativa em relação aos modelos de outros países, baseados principalmente nos combustíveis fósseis e/ou de centrais nucleares. Além de ser uma fonte abundante, limpa e renovável, a alternativa hidroelétrica constitui hoje uma área de pleno domínio pela tecnologia nacional.

A despeito desses esforços em diversificar a matriz energética, e apesar de os investimentos realizados entre 1995 e 2001 terem contribuído para a ampliação da oferta de energia, os investimentos privados e públicos foram

94. As termoelétricas também funcionam com água pois turbinas são acionadas pelo vapor gerado nas caldeiras.

insuficientes para atender o crescimento da demanda energética do país[95]. Após uma seqüência de anos de baixos índices pluviométricos e distribuições desfavoráveis de chuvas, sobretudo nas regiões Sudeste, Nordeste e Centro-Oeste, chegou-se a um ponto crítico no início de 2001.

Os reservatórios das usinas hidroelétricas dessas regiões — muitos deles bastante assoreados pela erosão, filha bastarda do desmatamento e do uso irracional das terras — baixaram a níveis alarmantes. Uma série de medidas drásticas compôs um quadro inédito de racionamento em todo o país. As barragens têm um tempo de vida útil limitado, depois enchem de areia e perdem sua capacidade geradora. As águas dos rios e reservatórios, vistas como abundantes e infinitas, também revelaram-se escassas, dependentes dos céus.

A razão de se ter priorizado a implantação de usinas hidroelétricas no Brasil deveu-se, primordialmente, ao vasto potencial hidroelétrico existente no país e à competitividade econômica que essas fontes apresentam[96]. A utilização do gás da Bolívia (consideravelmente mais competitivo do que os derivados do petróleo), os incentivos à prática da co-geração e a descoberta recente de importantes reservas de gás na bacia de Santos devem contribuir para uma maior participação da geração termoelétrica no atendimento do mercado de energia elétrica.

Além de gás, as turbinas das termoelétricas pedem água. A demanda por água para funcionamento das turbinas das termoelétricas pode representar um fator limitante de sua instalação, principalmente nas regiões Sudeste e Nordeste. A termelétrica de Carioba II, prevista na região de Americana em São Paulo, está sendo questionada seriamente devido à escassez de água na bacia do rio Atibaia[97]. O Brasil entrou no século XXI descobrindo: suas águas não são tão abundantes, nem tão baratas. Nem mesmo para atender a demanda crescente de energia elétrica. A recente crise de fornecimento de energia permitiu um esforço de racionalização e

95. O modelo energético brasileiro, o papel do Estado, das Agências Reguladoras, do capital privado e da gestão pública ainda são objeto de enormes controvérsias e acirrados debates entre interessados e interesseiros.

96. Segundo a Agência Nacional das Águas (ANA), o parque termoelétrico nacional tem, no caso do Sistema Interligado Brasileiro, caráter complementar, destinando-se a melhorar a confiabilidade do sistema no caso de ocorrência de eventos hidrológicos críticos, conforme se verificou no ano de 2001. Este parque destina-se também ao atendimento localizado, caso ocorram restrições nos elos de interligação, e ao atendimento a sistemas isolados, nos quais, ainda hoje, apresentam papel preponderante.

97. São problemas que tecnologias de resfriamento, como as torres secas, podem reduzir drasticamente, mas não eliminar.

de ganho de eficiência no uso da eletricidade, em poucos meses. Anos e anos de campanhas educativas não conseguiram quase nada. As pessoas escutam seu bolso com muita atenção. Esse esforço serviu também para economizar água. Essa experiência deve ser levada ao tema do consumo perdulário dos recursos hídricos. As tarifas de água, muito baixas no Brasil, estão longe de incentivar o uso responsável e a economia de um recurso tão precioso e cada vez mais raro. Talvez a voz do bolso possa ajudar, mais do que muita campanha de educação ambiental, no uso econômico e racional das águas.

O lazer e o turismo

Para a maioria dos brasileiros, tirar férias é ir para beira d'água, seja na praia, nas margens de um rio, no Pantanal, junto a quedas d'água, em lagos, piscinas, represas e estâncias hidrominerais. Até um riacho murmurante satisfaz. Quando muita gente vai para o mesmo local, o resultado para as águas pode ser péssimo. Mal planejado, o turismo de massa ao buscar a água, compromete os recursos hídricos. Na maior parte das áreas do Brasil, onde pratica-se o turismo de massa junto às águas, há quase total despreocupação com a manutenção da integridade dos ecossistemas envolvidos. Basta ver a degradação e a destruição sistemática dos ecossistemas costeiros. Achar uma praia limpa e com algumas características naturais preservadas tornou-se quase impossível em muitas regiões brasileiras.

Os danos ambientais provocados pelo desenvolvimento descontrolado do turismo e da especulação imobiliária podem causar poluição, degradação e descaracterização da paisagem e destruição da fauna e flora, entre outros. A poluição dos recursos hídricos pode resultar numa redução drástica de atividades de recreação e lazer e terminar por levar ao afastamento de turistas. Ou ocorre a substituição de uma faixa de turistas por outra, menos exigente, capaz de aceitar recursos naturais mais degradados, sem qualquer compromisso com sua preservação, agravando ainda mais a degradação ambiental.

A melhoria da qualidade dos serviços prestados aos usuários tem sido buscada no Brasil através de mudanças nos métodos de gestão dos municípios com potencial turístico, pela implantação do Programa Nacional de Municipalização do Turismo (PNMT)[98]. Esse programa, juntamente com a orientação da Organização Mundial de Turismo, foi responsável nos últimos quatro anos por uma revolução silenciosa. Ele tem ajudado a mudar a consciência de comunidades locais ao mostrar a importância do turismo para o desenvolvimento sustentado dos municípios, desde que preservados os recursos hídricos, a flora e a fauna.

Recursos federais têm sido aplicados. Apenas no Nordeste, sete novos aeroportos foram construídos, 22 mil metros quadrados de patrimônio histórico foram restaurados e 17 projetos de saneamento básico e de preservação dos recursos hídricos executados. As iniciativas de saneamento são fundamentais para a manutenção da balneabilidade dos corpos d'água, preservando a saúde humana e dos ecossistemas, principalmente no caso do ecoturismo[99]. Na indústria de turismo e viagens, o ecoturismo é o segmento com maior crescimento, apresentando num incremento contínuo de ofertas e demandas por destinos ecoturísticos. Os investimentos públicos nessa área geram outros e maiores investimentos pela iniciativa privada em novos empreendimentos turísticos.

O ecoturismo deveria ser um segmento da atividade turística que utiliza, de forma sustentável, o patrimônio natural e cultural, incentiva sua conservação e busca a formação de uma consciência ambientalista através da interpretação da natureza e de seus recursos, promovendo o bem-estar das populações envolvidas e a conscientização dos participantes.

---

98. O Programa tem como objetivo geral a promoção do desenvolvimento turístico sustentável nos Municípios, ou seja, prepará-los de uma maneira organizada e planejada para receber os turistas com base na economia local, no social, no ambiental, no cultural e na política.

99. A atividade do ecoturismo deve abranger a dimensão do conhecimento da natureza, a experiência educacional interpretativa, integrada ao meio ambiente, a valorização das culturas tradicionais locais e a promoção do desenvolvimento sustentável.

Comparado a outros produtos de exportação brasileira, o crescimento da receita gerada com o turismo, entre 1997 e 1998, esse aumento foi de 41%, 28 pontos percentuais acima do crescimento da receita do minério de ferro, exportado no mesmo período, e 30 pontos acima do valor gerado com a exportação de açúcar. Em volume de divisas, só perde para a soja[100].

O contrário poderia parecer estranho. O ecoturismo praticado no Brasil é uma atividade muito desordenada[101], impulsionada quase que exclusivamente pela oportunidade mercadológica, deixando, a rigor, de gerar os benefícios sócio-econômicos e ambientais esperados e comprometendo, não raro, o conceito e a imagem do produto ecoturístico brasileiro nos mercados interno e externo. Defender e preservar os recursos hídricos significa também garantir um futuro econômico e social para o turismo ecológico e para as populações beneficiadas.

A pesca e a aqüicultura

Depois de quatro séculos plantando sementes e arando terras, os brasileiros decidiram cultivar as águas. Não é necessário desmatar, nem fazer qualquer queimada. E é muito diferente da pesca extrativa, para o bem de todos e felicidade geral da nação. Em 2001, havia no Brasil cerca de 128 mil aqüicultores com uma área cultivada de espelhos d'água da ordem de 120 mil hectares. Com relação à produção de formas jovens de peixes, crustáceos e moluscos, em 2000 a produção nacional foi de aproximadamente 4 bilhões de pós-larvas de camarões marinhos, 100 milhões de alevinos de peixes de água doce e 10 milhões de sementes de ostras e vieiras. O valor da produção aqüícola brasileira, em 2001, chegou a um total de quase 257 milhões de dólares[102].

100. O turismo foi levado a status ministerial com a criação do Ministério da Indústria, Comércio e Turismo.

101. No Brasil, o ecoturismo é discutido desde 1985. No âmbito governamental, a primeira iniciativa de ordenar a atividade ocorreu em 1987, com a criação da Comissão Técnica Nacional, constituída por técnicos do Instituto Brasileiro do Meio Ambiente e dos Recursos Naturais Renováveis - IBAMA e do Instituto Brasileiro de Turismo - EMBRATUR, para monitorar o Projeto de Turismo Ecológico, em resposta às práticas existentes à época, pouco organizadas e sustentáveis.

102. Sendo US$ 12.000.000,00 provenientes da malacocultura, US$ 160.000.000,00 da carcinicultura marinha, US$ 80.000.000,00 da piscicultura tropical e US$ 4.800.000,00 da truticultura.

Quem largou o arado pela rede e o trator pelo barco tem toda razão[103]. A produção anual de pescados capturados no Brasil vem caindo ano após ano — nos últimos anos caiu de mais de um milhão de toneladas para menos de 700 mil toneladas. Atualmente, mais de 50% dos pescados consumidos no país são importados, como o salmão do Chile, a merluza do Uruguai e da Argentina e, principalmente, o bacalhau da Europa, significando um gasto anual superior a 450 milhões de dólares. Cerca de 95% das espécies tradicionalmente pescadas estão com seus estoques naturais bastante ameaçados pela sobrepesca — como é o caso da merluza, da lagosta, da sardinha, da piracanjuba (Amazônica) e do pintado. O país só há poucos anos passou a fiscalizar as épocas de defeso, porque as espécies estão ameaçadas de extinção e porque a sobrepesca já afeta a economia de certas regiões.

A redução dos estoques pesqueiros de águas interiores do Brasil é o resultado das alterações das condições naturais de reprodução e de desenvolvimento dos peixes devido a uma série de intervenções antrópicas negativas: o barramento de rios, o desmatamento ciliar, as poluições industrial e doméstica, a pesca predatória, o uso indiscriminado de agrotóxicos e o garimpo. Na bacia do São Francisco, por exemplo, onde foram identificadas em torno de 140 espécies de peixes nativos, boa parte dessas espécies vem apresentando baixa produção comercial e algumas delas, pode-se dizer, já se encontram em vias de extinção.

A construção de barragens para aproveitamento hidrelétrico e abastecimento público altera o regime dos rios, cria empecilhos à migração (piracema) reprodutiva dos peixes e, na maioria dos casos, inviabiliza definitivamente muitas lagoas marginais. Elas são os berçários e as grandes responsáveis pela reposição de peixes dos rios. Além de contribuir com a redução da produção pesqueira dos rios, esse fato pode ser responsável pelo desaparecimento de espécies de peixes de importância econômica e

103. O potencial do Brasil para o desenvolvimento da aqüicultura é imenso: 8.400 km de costa marítima, 5.500.000 hectares de reservatórios de águas doces, com 10 a 12 % da água doce disponível no planeta, clima extremamente favorável para o crescimento dos organismos cultivados, terras disponíveis e ainda relativamente baratas na maior parte do país, mão-de-obra abundante e crescente demanda por pescado no mercado interno.

ecológica. Isso contribuiu para um contínuo êxodo de pescadores artesanais das regiões ribeirinhas para a periferia das cidades brasileiras, com uma conseqüente redução da oferta de alimento. O Brasil, com sua considerável malha fluvial e extensa costa marítima, não consegue atender à demanda interna de consumo de pescado. Importa-se o pescado. O mar está virando um sertão.

Para diversas comunidades ribeirinhas, o pescado é a principal fonte de proteína de origem animal. Enquanto a pesca apresenta quedas sucessivas de produção a cada ano, com diversas espécies estando ameaçadas de extinção, a aqüicultura vem sendo uma alternativa de oferta de pescado em várias regiões brasileiras. Iniciada nos anos setenta, a partir de 1990, a aqüicultura comercial brasileira se firmou como uma atividade econômica no cenário nacional da produção de alimentos, época em que a produção de pescado cultivado girava em torno de 25.000 toneladas/ano. Os diversos segmentos do setor (piscicultura, carcinicultura, malacocultura e outros) têm se desenvolvido de forma acelerada. Em 2000, o Brasil produziu cerca de 150 mil toneladas de pescado via cultivo. Em 2001, a produção ultrapassou as 200 mil toneladas, principalmente com a contribuição do Nordeste. O sertão vai virar mar[104].

Das 150 mil toneladas produzidas em 2000, 25 mil foram de camarões marinhos da espécie *Litopenaeus vannamei*, 13 mil toneladas de mexilhões da espécie *Perna perna*, 2.000 toneladas de ostras das espécies *Crassostrea gigas* e *Crassostrea rhizophorae*, 1.600 toneladas de trutas arco-íris e 108.400 toneladas de várias espécies de peixes tropicais, especialmente tilápias, carpas e algumas espécies nativas como o tambaqui (*Colossoma macropomum*), pacu (*Piaractus mesopotamicus*), surubim (*Pseudoplatystoma coruscans*) e outras.

Provavelmente trata-se de números subestimados, mas, em termos de produção total, no ano 2000, a pesca extrativa ou tradicional em ambiente

104. Em 1997, por exemplo, a produção de salmão, truta, marisco e algas no Chile foi de 380 mil toneladas.

marinho produziu cerca de 500 mil toneladas contra 38.500 toneladas pela via da aqüicultura. Em ambiente continental, a pesca extrativa foi da ordem de 200 mil toneladas, sendo que 100 mil estariam sendo pescadas no Estado do Pará, contra 138 mil da aqüicultura. A pesca na Amazônia tem sido extremamente predatória. Isso levou recentemente, por exemplo, no caso do Pará, à proibição da pesca de arrasto da piramutaba (*Brachyplatystoma vaillanti*) na foz dos rios Amazonas e Pará entre 1º de outubro e 15 de dezembro. A proibição resultou de uma instrução normativa do Instituto Brasileiro de Meio Ambiente e Recursos Naturais Renováveis (IBAMA).

Nos últimos cinco anos, enquanto a pesca extrativa declina, a aqüicultura brasileira vem apresentando taxas de crescimento anual superiores a 25 %. Alguns setores, como o da carcinicultura marinha e o da ostreicultura, chegaram a ampliar suas produções em mais de 50 % de 2000 para 2001. Tanto os peixes como os moluscos produzidos nos cultivos estão sendo comercializados no mercado interno. No caso dos camarões marinhos, cerca de 30 % da produção é destinada ao mercado interno, enquanto 70 % é exportada para os Estados Unidos, França, Espanha, Itália e Holanda[105].

A valorização dos produtos pesqueiros por suas qualidades nutricionais, seu papel no controle do colesterol e na preservação da saúde humana tem contribuído para um aumento na demanda por eles no mercado interno, com um elevado potencial de elasticidade. O consumo médio anual de pescado per capita é de apenas 6,8 kg/habitante. Em termos de produção total (peixes, crustáceos e moluscos) nas águas continentais do Brasil, a aqüicultura deve superar a pesca extrativa em poucos anos. A produção de pescado de água doce cultivado no Brasil pode chegar, de forma sustentável, à casa das 10 milhões de toneladas/ano.

Isso pode ajudar a aliviar a pressão sobre os rios e lagos e garantir a conservação ambiental desses corpos hídricos e de sua fauna ictiológica.

---

105. Agência Nacional de Águas. *Plano Nacional de Recursos Hídricos*. ANA. Brasília. 2002.

Paralelamente, desenvolve-se a pesca esportiva e multiplicam-se os sistemas de pesque-pague por todo o país, com um impacto positivo sobre a fauna selvagem. Eles representam um aporte de alimento significativo para determinados povoamentos de aves e até de lontras. No que pesem as queixas dos proprietários dessas áreas, a predação cresce por parte desses animais em relação direta com o aumento de suas populações.

Uma das modalidades de aqüicultura que mais vem se desenvolvendo no Brasil na criação de peixes de água doce (especialmente as tilápias) é o emprego dos sistemas de tanque-rede instalados em grandes reservatórios. Eles se constituem numa alternativa viável para geração de empregos e de renda[106]. Outra modalidade de exploração a destacar é a "integração agricultura - aqüicultura", através da criação de peixes em regime intensivo nos canais de irrigação ou da associação suínos-patos-peixes e outras formas. A criação de peixes em tanques também poderá ser responsável por importante parcela da produção de pescado de águas continentais do país em futuro próximo[107].

Considerando a situação por que passam os pescadores profissionais e produtores rurais ribeirinhos, sua inserção na atividade de aqüicultura, além de se configurar como importante alternativa de trabalho, ensejará aumentos de produção de alimentos, de geração de renda e de melhoria das condições ambientais, esse último em decorrência de uma menor pressão de pesca sobre os estoques pesqueiros naturais. O desenvolvimento de novas tecnologias tem gerado ferramentas que permitem minimizar os impactos ambientais da aqüicultura, entre elas a construção de tanques de decantação de sólidos suspensos, a utilização de rações mais eficientes e projetos que utilizam a recirculação de água.

Dentre os benefícios da aqüicultura destacam-se: o aumento da oferta de pescado com possíveis reduções nos preços de mercado praticados atualmente; uma nova alternativa de trabalho e de renda aos pescadores pro-

106. Com produtividades que podem atingir cerca de 300 kg/m³/ano, esse sistema de produção está sendo aplicado em grandes reservatórios de água, em rios e no mar, em pequenos, médios e grandes empreendimentos. Apresenta, como vantagem adicional, o uso não-consuntivo da água desses ambientes aquáticos, pelo simples fato de não haver necessidade de retirada de água para outro ambiente, sujeitando-a a aumento de evaporação e de infiltração.

107. A forma mais comum de cultivo de animais aquáticos no Brasil, ainda é a praticada em tanques e viveiros escavados em terra. A vazão de água necessária à reposição das perdas de água por evaporação e infiltração, que depende da região e das características de solo, pode variar de 1,6 a 23,4 litros/segundo/hectare. Em média, o consumo de água neste sistema fica em torno de 10 litros/segundo/hectare.

fissionais e a pequenos produtores, mantendo essa população no meio rural; a racionalização e otimização do uso da água e da infra-estrutura de rios, de grandes reservatórios de água e de projetos de irrigação; e a redução da pressão de pesca sobre os estoques pesqueiros naturais, com possibilidade de recuperação de espécies de peixes em processo de extinção.

### Uso industrial e reuso da água

As fábricas também bebem água. E muita. Representam pelo menos 12% da demanda hídrica nacional. Estão entre as atividades econômicas mais poluidoras. A produção de uma tonelada de aço chega a consumir 280 toneladas de água. A manufatura de um quilo de papel pode requerer até 700 quilos de água. Á água empregada na fabricação de um automóvel equivale a cerca de cinqüenta vezes o peso do veículo. No setor agropecuário, a título de exemplo, todo o processo para limpar e congelar um frango consome pelo menos 26 litros de água. Para processar uma tonelada de cana-de-açúcar, uma usina consome muitas e muitas toneladas de água. As águas utilizadas para lavar a matéria-prima ainda ganham aditivos de poluição conforme a natureza de cada processo. Cerca de 150 litros de água são utilizados na fabricação de cada quilo de produto têxtil acabado. Quando não é simplesmente lançada de volta aos rios como esgoto, depois de aproveitada no processo produtivo, a água é enviada para as estações de tratamento, junto com os demais efluentes, como corantes, sais, detergentes, resíduos em suspensão, óleos e outras substâncias químicas. A água originária das estações de esgoto industriais e urbanos não é potável, mas se for tratada adequadamente pode ser utilizada tanto na indústria, como na agricultura e em serviços urbanos.

O reaproveitamento ou reuso da água é o processo pelo qual a água, a bem da verdade tratada ou não, é reutilizada para o mesmo ou outro fim. Essa reutilização pode ser direta ou indireta, decorrente de ações planejadas ou não. Normalmente o reuso é feito a partir de estações de tratamento industriais ou urbanas. Os principais processos industriais mais adequados ao uso de água reciclada são os de produtos de carvão, petróleo, produção primária de metal, curtumes, indústrias têxteis, químicas, de papel e celulose.

A água de reuso pode ser aproveitada para fins não-potáveis, com preços inferiores aos da água tratada. É uma água livre de organismos patogênicos, normalmente é devolvida aos rios. Novos processos estão sendo desenvolvidos para garantir o reaproveitamento ou o reuso cada vez maior da água. Ela pode ser empregada em vários tipos de uso, como limpeza pública, combate a incêndios, paisagismo (para encher lagos artificiais e irrigação de áreas verdes), refrigeração de equipamentos e até como matéria-prima para a produção, em setores como o têxtil e o de papel e celulose. No caso das transportadoras, pode ser utilizada, principalmente, para a lavagem de caminhões.

Em São Paulo, a Estação de Tratamento de Esgotos de Barueri, por exemplo, com capacidade atual de 9,5 mil litros de esgotos por segundo, com remoção de 95% da carga poluidora — lança a maior parte do esgoto tratado no rio Tietê. Esse efluente representa um recurso de grande valor. A partir de soluções tecnológicas apropriadas, toda essa água poderá ser fornecida para usos específicos, poupando-se grandes volumes de água potável. Uma parte da água de reuso já é utilizada no processo de refrigeração de equipamentos da própria estação. A prefeitura de São Caetano do Sul, em São Paulo, utiliza a água produzida na Estação de Tratamento de Esgotos do ABC para lavagem de ruas e pátios, irrigação e rega de áreas verdes, desobstrução de rede de esgotos e águas pluviais e lavagem de veículos. O reuso planejado de água é um bom negócio, ainda incipiente no Brasil.

Mais do que a água, talvez fosse necessário o reuso de políticos e governantes. Uma política de reuso adequadamente elaborada e implementada,

108. Ivanildo Hespanhol. *Potencial de reuso de água no Brasil -agricultura, indústria, municípios, recarga de aqüíferos.* USP. São Paulo. 2002.

109. O antigo hotel Caldas da Imperatriz, com nove banheiras e 22 apartamentos, é explorado diretamente pela Companhia Hidromineral Caldas da Imperatriz, pertencente ao município de Santo Amaro. O hotel funciona desde 1920 no casarão construído no século passado para hospedar a família real brasileira. D. Pedro II, a Imperatriz Teresa Cristina, a princesa Isabel e comitiva chegaram em outubro de 1845, três décadas depois do decreto real de 1818, por D. João VI. Ele autorizara a construção, ali, de "um hospital" para acomodar todas as pessoas que acorressem a Santo Amaro em busca de descanso ou cura para males do corpo e da alma. As águas foram inicialmente comparadas às de Harrogate, na Inglaterra.

por políticos devidamente tratados e despoluídos, contribuiria substancialmente na solução de dois problemas: a seca, dispondo-se de volumes adicionais para o atendimento da demanda em períodos de oferta reduzida, e a poluição, atenuada face à diversão de descargas poluidoras para usos benéficos específicos de cada região[108]. Além de melhorar a governança.

Uso terapêutico e residencial das águas minerais

Em Caldas da Imperatriz, na região de Florianópolis, em Santa Catarina, existem termas de grande valor terapêutico. Essas águas quentes e mineralizadas também eram freqüentadas por pecuaristas e índios, mais interessados nas vacas. O gado terminava por contaminar e destruir essas fontes, verdadeiras dádivas da natureza. D. Pedro II ordenou a presença da Guarda Imperial para proteger o local. A atuação, visando a preservação das fontes, limitando e controlando o acesso, fez descontentes entre pecuaristas e índios. Um membro da Guarda Imperial foi morto defendendo a qualidade das águas. Até hoje uma placa, colocada no local, lembra essa atuação marcada por preocupações de longo prazo do Imperador do Brasil e homenageia um militar, morto na defesa das águas[109].

O potencial de uso medicinal e terapêutico das águas brasileiras é vasto e presente em todo o território nacional. Poços instalados para prospecção de petróleo, na bacia do Jatobá, na região nordeste da Bahia, jorram águas quentes e sulfurosas. Em torno desses poços surgiram e/ou desenvolveram-se cidades voltadas para o turismo e para o uso medicinal dessas águas, como a de Tucano, no sertão baiano. Águas subterrâneas termais estimulam o turismo como em Caldas Novas em Goiás; Araxá, Poços de Caldas, Caxambu, São Lourenço e outras em Minas Gerais; Caldas da Imperatriz, em Santa Catarina; Águas de São Pedro e o famoso e sempre em expansão circuito das águas em São Paulo, abrangendo os municípios de Lindóia, Águas de Lindóia, Serra Negra, Amparo e Monte Alegre do Sul.

A hidroterapia, o uso terapêutico externo das águas em banhos, saunas, hidromassagens, duchas e imersões, é uma tradição herdada dos romanos, mas ela foi mantida pelos árabes, turcos e outros povos mediterrânicos. Hoje é bastante praticada no Brasil, em clubes, casas especializadas e residências, como parte da arte de viver bem. O efeito da hidroterapia sobre o organismo baseia-se na reação do próprio organismo. Em hidroterapia, chamam-se frias as temperaturas inferiores às da pele, e quentes, as superiores. O efeito da hidroterapia sobre o corpo corresponde a uma reação tripla: reação nervosa, com produção de correntes eletromagnéticas no organismo e a conseqüente produção de oxigênio atômico livre, mais ativo que o molecular; reação circulatória, com modificação da irrigação sangüínea dos órgãos; reação térmica por modificações na temperatura. A água fria provoca a reação mais completa, segundo estudos específicos. É a melhor para pôr em movimento todas as forças vitais; sua ação benéfica depende apenas do grau em que é aplicada, tanto em extensão como em duração. Isso só pode ser determinado pelas condições de temperamento, constituição e grau de enfermidade do paciente. A água fria é um excelente estimulante para a circulação, inervação e calorificação.

Água mineral soa como um qualitativo de nobreza. E seus títulos nobiliárquicos são diversos e específicos. Quem nasce de determinada fonte tem características de linhagem. A água mineral pode ser ferruginosa, carbonatada, magnesiana, sulfatada, radioativa, alcalina etc. São pelos menos, oficialmente, 14 grandes tipos de águas minerais[110]. Devido aos casamentos subterrâneos das camadas geológicas e das águas, esses títulos nobiliárquicos podem aparecer de forma composta, como nos casamentos entre linhagens nobres: alcalino-terrosa, cálcio-magnesiana etc.

Águas minerais naturais, por sua composição química ou características físico-químicas, são consideradas benéficas à saúde e muito apreci-

110. Ácida, Alcalina, Biocarbonata Sódica, Brometada, Cálcica, Carbogasosa, Carbônica, Ferruginosa, Iodetada, Magnesiana, Radioativa, Sulfatada, Sulfatada Sódica e Sulfurosa.

adas pelas populações dos centros urbanos. Cada água tem seus méritos, seus poderes e sua eficácia. Quando se toma determinada água mineral é quase como um contrato: esperam-se determinados resultados. Eis a lista das indicações e dos poderes terapêuticos principais das diversas águas minerais: Ácida: regulariza o Ph da pele; Alcalina: diminui a acidez estomacal e é bom hidratante para a pele; Biocarbonata Sódica: indicada contra doenças estomacais, como gastrite e úlceras gastroduodenais, hepatite e diabetes; Brometada: sedativa e tranqüilizante, combate a insônia, o nervosismo, desequilíbrios emocionais, epilepsia e histeria; Cálcica: indicada para consolidação de fraturas, redução da sensibilidade em casos de asma, eczemas, dermatoses e bronquites. Tem ação diurética; Carbogasosa: diurética e digestiva, é ideal para acompanhar as refeições. Rica em sais minerais, ajuda a repor energia nos atletas, além de facilitar o trânsito intestinal e estimular o apetite. Eficaz contra hipertensão arterial, cálculos renais e de vesícula; Carbônica: hidrata a pele e reduz o apetite; Ferruginosa: indicada para diferentes tipos de anemia, parasitoses, alergias, e acne juvenil. Estimula o apetite. Floretada: mantém a saúde dos ossos e dos dentes; Iodetada: trata adenóides, inflamações de faringe e insuficiência da tireóide; Magnesiana: boa para fígado e intestinos, indicada para casos de enterocolite crônica, insuficiência hepática e fermentação intestinal; Radioativa: diurética, dissolve cálculos renais e biliares, além de favorecer a digestão. Atua como calmante, contra reumatismo, filtra o excesso de gordura, elimina o acido úrico, diminui a viscosidade do sangue, tem ação analgésica nas afecções renais, é estimulante glandular e da sexualidade. Diminui a pressão sangüínea e é laxante; Sulfatada Sódica: combate prisão de ventre, colite e problemas hepáticos; Sulfatada: atua como antiinflamatório e antitóxico; Sulfurosa: indicada para casos de reumatismo, doenças de pele, artrite e inflamações em geral.

Essa tradição de beber água mineral é mais uma herança da civilização latina. Na Roma antiga, o consumo de água mineral já era muito expressivo. Termas, banhos, saunas e ingestão de diversos tipos de água faziam parte da vida dos patrícios romanos, nas mais diversas cidades do império. Além do bate-papo relaxante, sentados lado a lado, sobre as latrinas. A rigor, toda água natural, por mais pura, tem sempre certo conteúdo de sais. Ninguém bebe água destilada.

As águas subterrâneas são especialmente enriquecidas em sais retirados das rochas e sedimentos por onde percolaram muito vagarosamente[111]. Durante muito tempo acreditou-se que as águas minerais tinham uma origem diferente da água subterrânea. Ambas têm a mesma origem: são águas de superfície infiltradas no subsolo. As águas minerais conseguiram atingir profundidades maiores. Enriqueceram-se em sais, adquirindo novas características físico-químicas, como, por exemplo, um pH mais alcalino e uma temperatura maior.

O consumidor brasileiro está pedindo água. O consumo de águas minerais mobiliza um gigantesco mercado em todo o país, ampliado constantemente pela baixa qualidade das águas oferecidas pelas empresas de abastecimento dos grandes núcleos urbanos. Entre 1997 e 2001, o setor registrou crescimento acumulado de 104%. Somente em 2001, o volume de produção e consumo de águas minerais engarrafadas cresceu 23% em relação ao ano anterior, somando 4,32 bilhões de litros. Em 2000 haviam sido 3,52 bilhões de litros. Se computadas outras formas de consumo, como ingestão na fonte e utilização na indústria de bebidas e alimentos, o volume sobe para 4,7 bilhões de litros.

Beber água engarrafada (mineral, *spring* e purificada) tornou-se um fenômeno social global. O Brasil importa e exporta água engarrafada. Muitas marcas são mais caras do que um litro de leite ou de combustível. É o negócio mais dinâmico em toda a indústria de alimentos e bebidas,

111. Segundo o Código de Águas do Brasil (decreto-lei 7.841, de 8/08/45), em seu artigo 1°, águas minerais naturais "são aquelas provenientes de fontes naturais ou de fontes artificialmente captadas que possuam composição química ou propriedades físicas ou físico-químicas distintas das águas comuns, com características que lhes confiram uma ação medicamentosa".

112. O setor também movimenta um imenso, sofisticado e diversificado mercado de embalagens plásticas e de vidro, no qual a incorporação tecnológica é constante.

113. A Associação Brasileira da Indústria de Águas Minerais (Abinam) trava na Justiça uma batalha contra o Departamento Nacional de Produção Mineral (DNPM), do Ministério de Minas e Energia, em torno dos critérios de cálculo da Compensação Financeira para Exploração de Recursos Minerais (CFEM), cobrada sobre todas as atividades de lavra mineral no Brasil. Só em 2002, o DNPM arrecadou R$ 2,342 milhões por conta da cobrança da alíquota de 2% que incidiu sobre o faturamento líquido das 170 engarrafadoras.

114. O volume consumido pelos Estados Unidos, em 2001, foi de 19,8 bilhões de litros, quando se considera todo o tipo de água envasada, caracterizando-o como um mercado fortemente importador do produto.

dominado por gigantes como a Nestlé, Danone, Perrier, Coca-Cola etc. O crescimento é de 7% por ano e a margem de lucro de até 30%. O faturamento total do setor foi de US$ 22 bilhões em 2002[112]. Sua exploração gera receitas significativas, além de todos os impostos do setor de comercialização do produto final engarrafado[113].

Essa sede de crescimento não será saciada tão cedo. Com esses resultados, o Brasil já se coloca como o sexto maior mercado mundial de água mineral depois do México (15,5 bilhões de litros), EUA (11,5 bilhões)[114], Itália (8,8 bilhões), Alemanha (8,0 bilhões) e França (6,5 bilhões). O faturamento da indústria brasileira de águas minerais em 2001 foi estimado em US$ 400 milhões, não registrando crescimento compatível com a produção, como conseqüência da queda de preços provocada pelo aumento da oferta.

No Brasil, o consumo per capita de 13,2 litros/ano de água mineral em 1997, saltou para 24,9 litros em 2001 e deverá aproximar-se nos próximos anos dos 30 litros/ano, elevando a produção para mais de 5 bilhões de litros. O segmento de maior crescimento e consumo continua sendo o do garrafão de 20 litros. Ele domina 57% do mercado de águas minerais engarrafadas. Além da presença consolidada em escritórios, empresas e locais públicos, esse tipo de embalagem vem agora crescendo fortemente no consumo residencial. A região Sudeste responde por 56,4% da produção de águas minerais, o Nordeste por 23,2%, a região Sul por 11,3%, e a Norte e Centro-Oeste por 5,1% e 4,0% respectivamente.

Se o brasileiro adora beber água numa nascente e encher seus garrafões em bicas de beira de estrada, nem toda água subterrânea — inclusive comercializada por grandes empresas — atende as exigências de sanidade e qualidade. Grande parte do problema está na recuperação e reutilização dos vasilhames. Em alguns casos bastaria proibir a reutilização dos vasilhames. Mas isso encareceria o produto e geraria problemas ambientais com o descarte de todos esses vasilhames plásticos. Se a vigilância sanitária dos estados e municípios deve estar atenta, ainda mais devem ficar alerta os consumidores. Uma coisa é certa: a água pode ser boa para a saúde e para o bolso. Engarrafar água, seja subterrânea, das neves, de icebergues ou até das torneiras, dá dinheiro. Muito dinheiro. A escassez de água, nesses casos, ajuda a indústria da água.

## Cuidando das águas nos céus e na terra do Brasil

# Uma legislação das águas desde o século XVI

Os povos mediterrânicos, como poucos, sempre souberam o valor e a importância das águas. No passado, os cuidados com a água não esperaram a escassez para serem implementados. A legislação ambiental da Coroa portuguesa, entre os séculos XVI e XVIII, preocupou-se com a preservação das águas e das florestas. Pouca gente sabe disso. A aplicação das Ordenações Manuelinas foi estendida ao Brasil até 1532, quando ocorreu a divisão do território em capitanias. Isso demandou a adaptação de vários de seus dispositivos, através das "cartas de doação" e dos "forais". Na realidade, ao aplicar-se ao Brasil as Ordenações Manuelinas, dota-se, desde o início, o Brasil de uma embrionária legislação ambiental. Até a vinda da família real para o Brasil em 1808, essa legislação será progressivamente enriquecida por uma infinidade de regimentos, ordenações, alvarás, decretos, leis e outros instrumentos legais. A dinâmica evolutiva e a capacidade inovadora dessa legislação ambiental foram enormes.

A legislação ambiental da Coroa portuguesa tomou um rosto local, brasileiro a partir de 1548. Foi quando o Governo Geral do Brasil começou a editar e aplicar uma série de regimentos, ordenações, alvarás e outros instrumentos legais visando à preservação e conservação dos recursos naturais do Brasil. Sob o domínio espanhol, passaram a vigorar no Brasil as Ordenações Filipinas, consolidadas em 11 de janeiro de 1603. Essa compilação manteve toda a legislação anterior e agregou novos dispositivos. Nessa nova consolidação legal da monarquia, aparecem importantes medidas visando a manutenção da qualidade das águas e de seu potencial produtivo como a proibição de pesca com rede em determinadas épocas e uma série de referências expressas à poluição das águas, com a proibição de lançamento de material que as pudesse sujar e prejudicar os peixes. Isso quando as águas eram abundantes e a demanda inexpressiva. Essa legislação tratava da natureza como um todo e vinculava águas e florestas.

O Regimento do Pau-Brasil, editado em 1605, foi um marco em termos de política florestal e pode ser considerado como a primeira lei de proteção florestal do Brasil, com impactos na manutenção dos recursos hídricos. Em seu preâmbulo, El-Rei demonstra ter seu serviço de informações e de monitoramento ambiental. Diz estar ciente das desordens e abusos na exploração do pau-brasil, de como a árvore estava se tornando rara, de como as matas (Atlântica) estavam se degradando e empobrecendo, obrigando a penetração por léguas em direção ao interior, na busca dessa espécie. Diante do comprometimento do futuro dessas matas, após tomar *"informações de pessoas de experiência das partes do Brasil, e comunicando-as com as do Meu Conselho"*, El-Rei fez esse Regimento, e ordenou que *"se guarde daqui em diante inviolavelmente"*.

O parágrafo primeiro resume o conjunto da lei. Num estilo quase jornalístico, tem-se o *lide* dessa lei maior e o tom da determinação real: *"Primeiramente Hei por bem, e Mando, que nenhuma pessoa possa cortar, nem mandar cortar o dito pau brasil, por si, ou seus escravos ou Feitores seus, sem expressa licença, ou escrito do Provedor mór de Minha Fazenda, de cada uma das Capitanias, em cujo distrito estiver a mata, em que se houver de cortar; e o que o contrário fizer encorrerá em pena de morte e confiscação de toda sua fazenda".* Era crime ambiental, mesmo.

Prossegue o Regimento determinando que, antes de dar a tal licença de corte do pau-brasil, o Provedor-Mor deveria obter informações sobre a qualidade da pessoa que a requer, se paira sobre ela alguma suspeita, seu caráter, antecedentes etc. O Provedor deveria manter um Livro de Registros. Por ele assinado e numerado, nesse livro se registrariam todas as licenças outorgadas, se declarariam os nomes e as confrontações das pessoas, das áreas, as quantidades de pau-brasil licenciadas etc.

O Regimento previa penas proporcionais para quem excedesse sua licença de corte do pau-brasil. O excedente à licença seria sempre confiscado. Se passasse de 10 quintais[115], multa de cem cruzados. Acima de 50 quintais, sendo um peão, seria açoitado e degredado por 10 anos em Angola. Ultrapassando 100 quintais, a pessoa seria morta e perderia sua fazenda.

Buscando evitar a eventual corrupção dos Provedores, favorecendo alguns com licenças mais generosas, o Regimento do Pau-Brasil estabelecia licenças anuais. Antes de renová-las, devia ser feita uma avaliação: *"para que se não corte mais quantidade de pau da que eu tiver dada por contrato, nem se carregue à dada Capitania, mais da que boamente se pode tirar dela"*. O Provedor devia avaliar se a mata estava suportando a quantidade outorgada, se não estava havendo sub ou super-exploração dos recursos: *"se terá respeito do estado das matas de cada uma das ditas Capitanias, para lhe não carregarem mais, nem menos pau do que convém para benefício das ditas matas..."*. Trata-se da busca de uma gestão florestal, em bases racionais. A busca *"do que convém para benefício das ditas matas..."*

Para garantir a transparência e a honestidade dos procedimentos administrativos, a revisão e a repartição das outorgas deviam ser feitas em público, às claras. *"A dita Repartição do pau que se há de cortar em cada*

---

115. Antiga unidade brasileira de medida de massa, equivalente a quatro arrobas.

*Capitania se fará em presença do Meu Governador daquele Estado pelo Provedor Mór da Minha Fazenda, e Oficiais da Câmara da Bahia"*. Além disso, o Regimento anunciava uma espécie de auditoria independente, uma devassa anual da Coroa sobre a administração e os administradores do corte do pau brasil.

No parágrafo 8 do Regimento do Pau-Brasil, El-Rei manifestava duas decisões extraordinárias e ainda válidas para os dia de hoje. Em primeiro lugar, declarava El-Rei estar informado: o maior dano à conservação das matas é a forma como se corta o pau-brasil. O mesmo problema enfrentado hoje na Amazônia, principalmente no sul do Pará e norte do Mato Grosso. Os contratantes só queriam receber troncos roliços e maciços, deixando no campo galhos, ramos e ilhargas mesmo se convenientes *"para o uso das tintas"*, mas desperdiçados. Diante desse esbanjamento predatório, El-Rei determinava: *"Mando a que daqui em diante se aproveite todo o que for de receber, e não se deixe pelos matos nenhum pau cortado, assim dos ditos ramos, como das ilhargas, e que os contratadores o recebam todo..."*. E *"os que o contrário fizerem serão castigados com as penas, que parecer ao Julgador"*.

Em segundo lugar, diz El-Rei estar informado: a maior causa da extinção da mata atlântica, das matas do pau-brasil, é a ausência de rebrotas. Isso estava vinculado a duas causas principais: a forma como se realizava o corte, não deixando ramos, nem varas, e o fato de se queimarem as raízes para a instalação de roças de cultivo naqueles locais. Diante disso, El-Rei determinou a transformação dessas áreas em coutos[116] reais. As pessoas tinham direito de uso sobre as árvores mas não sobre as terras. Elas eram reservas florestais da Coroa, coutos reais e não áreas destinadas à agricultura: *"Hei por bem, e Mando, que daqui em diante se não façam roças em terras de matas de pau do brasil, e serão para isso coutadas[117] com todas as penas, e defesas, que estas coutadas Reais..."* O Regimento considerava a necessidade de conservação das matas, garantindo sua regeneração natural:

---

116. Extensão de terras onde é proibida a entrada de estranhos. Trata-se de uma reserva. No passado, gozava de privilégios quanto à justiça, a impostos etc. e servia como reserva de caça, de madeira etc. Os coutos podem ser públicos ou privados e até hoje existem com essa denominação em Portugal e também na Espanha (coto de caza, por exemplo).

117. Do latim *cautum*, "cautela, precaução", conexo com o verbo latino *cavére* "tomar cuidado, guardar-se de, estar atento, acautelar-se".

*"e que nos ditos cortes se tenha muito tento*[118] *a conservação das árvores para que tornem a brotar, deixando-lhes varas, e troncos com que os possam fazer, e os que o contrário fizerem serão castigados com as penas, que parecer ao Julgador".* Essas florestas iriam produzir água, muita água.

No parágrafo 10, El-Rei determinava a criação de uma guarda especializada, uma espécie de polícia ambiental, para zelar pela aplicação do regimento, prevendo seus ordenados, responsabilidades (ofícios) e até perante quem prestarão juramento.

Essas e outras medidas permitiram um manejo sustentado das matas de pau-brasil, cuja exploração não foi sinônimo de desmatamento, como pensam alguns, mas de manutenção de florestas primitivas. O último carregamento de pau-brasil foi exportado em 1875. Sua exploração não cessou devido ao desaparecimento das matas e sim por razões meramente comerciais e de perda de competitividade, três séculos e meio depois da descoberta, com a entrada das anilinas no mercado da tinturaria. Carlos Castro, numa pesquisa circunstanciada sobre a gestão florestal no Brasil, de 1500 a nossos dias, demonstra: o desmatamento da mata atlântica é um fenômeno do século XX. A política florestal da Coroa portuguesa e do Império do Brasil lograram, por diversos, invejáveis e complexos mecanismos, manter a cobertura vegetal dessa região praticamente intacta até final do século XIX, com poucos locais alterados, com exceção do Vale do Paraíba[119].

Somente entre 1985 e 1995, a mata atlântica perdeu mais de um milhão de hectares, mais de 11% de seus remanescentes e mais do que toda a área explorada e/ou desmatada ao longo do período colonial. De mais de 1,3 milhão de quilômetros quadrados originais, subsistem hoje apenas cerca de 8%[120]. Como assinala Carlos Castro, *"em vez de imputar a Portugal a culpa por ter nos deixado uma 'herança predatória', talvez devamos aprender com as práticas conservacionistas que os portugueses preconizaram e tomarmos*

118. Cuidado especial, atenção, juízo, tino, avaliando as coisas com clareza.

119. Carlos Castro. *A gestão florestal no Brasil colonial*. UNB. Brasília. 2002.

120. O termo é empregado generosamente sensu lato. Nessas estimativas, incluíram-se na mata dita atlântica formações vegetais continentais situadas há mais de 500 e até 1.000 quilômetros de distância do litoral em Mato Grosso do Sul, Goiás, São Paulo, Paraná, Bahia e Minas Gerais, em situações muito diferenciadas das existentes no litoral: climas mais contrastados, pluviometrias bem inferiores e solos de maior fertilidade. São áreas que, indubitavelmente, foram desmatadas a partir do século XX.

*consciência de que a destruição das florestas brasileiras não é obra de 500 anos, mas principalmente desta geração*"[121].

Progressivamente, como nesse caso da mata atlântica, a legislação "ambiental" da monarquia foi especificando ecossistemas e biomas, dentro dos conhecimentos da época, como no caso da vegetação dos manguezais[122]. Os mangues são de importância fundamental na manutenção da produtividade pesqueira do litoral, como berçário de inúmeras espécies de peixes. Os mangues também atuam na estabilidade geomorfológica costeira, limitando a erosão marinha e a morfogênese. Um alvará real, datado de 10 de julho de 1760, de El-Rey Dom José I, visava especificamente à proteção desse ecossistema e de suas salobras águas. O rei havia recebido uma representação dos responsáveis pelas indústrias de couros, solas e atanados das capitanias do Rio de Janeiro e de Pernambuco.

Segundo informações, "*os povos das vizinhanças das referidas capitanias, e das de Santos, Paraíba, Rio Grande (do Norte) e Ceará, cortam e arrasam as árvores chamadas mangues, a fim de as venderem como lenha, sendo que a casca das mesmas árvores é a única no Brasil, com que se pode fazer o curtimento dos couros para atanados, se acham já em excessivo preço as referidas cascas, havendo juntamente o bem fundado receio de que dentro de poucos anos falte totalmente este simples, necessário e indispensável para a continuação dessas utilíssimas fábricas*".

O motivo da preservação dos mangues foi ecológico e de sustentabilidade, visando preservar o ecossistema dentro de padrões de racionalidade econômica. Não se tratava de uma "ecologia do atraso", sonhando uma volta ao passado. A busca da modernidade é evidente nesse alvará real: "*querendo eu favorecer o comércio, em comum benefício dos meus vassalos, especialmente as manufaturas e fábricas, de que resultam aumentos na navegação e na multiplicação das exportações de gêneros*". As Câmaras das capitanias foram notificadas do alvará real e chamadas a participar em sua difusão

---

121. Carlos Castro. Ibidem.

122. Em fitogeografia, é a comunidade vegetal dominada por árvores ditas mangues, dos gêneros *Rhizophora*, *Laguncularia* e *Avicennia*, dotadas de raízes-escoras bem características que se localizam nos trópicos, em áreas justamarítimas sujeitas às marés. O solo é uma espécie de lama escura e mole.

e aplicação, sobretudo no que se referia às penalidades:"*Sou servido ordenar que não se cortem árvores de mangues, que não estiverem já decaídas, debaixo da pena de cinqüenta mil réis, que fará paga da cadeia, onde estarão os culpados por prazo de três meses, dobrando-se as condenações e o tempo da prisão pelas reincidências".*

Algo deve a essa legislação da Coroa portuguesa, a atual extensão dos manguezais no Brasil e a produtividade pesqueira do país. Um quadro, com a reprodução *fac-símile* desse alvará real, decora a entrada da diretoria do Instituto Oceanográfico da Universidade de São Paulo.

A figura do Promotor de Justiça surgiu em 1609, quando foi regulamentado o Tribunal de Relação na Bahia. Já se falava, em 1658, na defesa das florestas para proteção dos mananciais, havendo representações populares contra,"*intrusos e moradores que roteavam as terras e tornavam impuras as águas".*

Em 1797, uma série de cartas régias consolidou a legislação ambiental do Brasil daquele tempo, ao declarar de propriedade da Coroa todas as matas e arvoredos existentes à borda da costa ou de rios que desembocassem imediatamente no mar e de qualquer via fluvial capaz de permitir a passagem de jangadas transportadoras de madeiras. Essas cartas advertiam sobre a necessidade de tomar todas as precauções para a conservação das matas e dos rios no Estado do Brasil, e evitar que eles se arruinassem e fossem destruídos.

No campo administrativo, a criação dos cargos de Juízes Conservadores, aos quais cabia a aplicação das severas penas previstas na legislação, foi um marco. As penas ambientais eram de multa, prisão, degredo e até a pena capital para os casos de incêndios dolosos[123]. Marca também o final do século XVIII o surgimento do primeiro Regimento de Cortes de Madeiras, estabelecendo regras rigorosas para a derrubada de árvores, além de outras restrições.

123. A primeira lei de crimes ambientais da era republicana só foi promulgada em 1999.

A chegada de D. João VI ao Brasil alterou profundamente a administração do Principado do Brasil, transformado em Reino Unido. Muitas medidas ambientais de caráter protecionista foram expedidas. Ainda virão historiadores e estudiosos capazes de explorar o alcance dessas iniciativas. Duas merecem destaque: uma ordem de 9 de abril de 1809 prometia liberdade aos escravos que denunciassem contrabandistas de pau-brasil, e o decreto de 3 de agosto de 1817, específico para o Rio de Janeiro, proibia o corte de árvores nas áreas circundantes às nascentes do rio Carioca.

Em 1817 e 1818, o Governo de D. João VI baixou severas disposições para proteger os mananciais ameaçados, proibindo o corte das matas que rodeavam as nascentes da Serra da Carioca e no trajeto do aqueduto de Santa Teresa. Ao chegar ao Rio de Janeiro, o príncipe regente encantou-se com a paisagem, com a diversidade de florestas, com os elevados rochedos e com os lagos existentes na região sul da cidade. O príncipe regente D. João criou ali a primeira unidade de conservação do Brasil. Em poucos anos estará consolidado, com mais de 2.000 ha, o Real Horto Botânico do Rio de Janeiro, outro marco histórico no tratamento da questão e da legislação ambiental no Brasil. Fato memorável por seu aspecto ambiental, o atual Jardim Botânico do Rio de Janeiro foi republicanamente reduzido a pouco mais de 100 ha[124]. Um triste exemplo de re-privatização de bens públicos.

Na Constituição de 1824, foram criados o Supremo Tribunal de Justiça e os Tribunais de Relação, nomeando-se Desembargadores, Procuradores da Coroa, conhecidos como Chefe do Parquet. No entanto, a expressão Ministério Público foi utilizada pela primeira vez no Decreto Imperial 5.618, de maio de 1874.

Na Constituição de 1891, pela primeira vez o Ministério Público mereceu uma referência lacônica. Já a Constituição Federal de julho de 1934, em seus artigos 95/98, definiu algumas de suas atribuições básicas[125].

124. No início deste século XXI, o Jardim Botânico possui uma área de 137 hectares, 54 deles abertos ao público; recebe 600 mil visitantes por ano; tem em sua coleção 35 mil exemplares de 8.200 espécies vegetais.

125. As Constituições de 1946 a 1967 pouco disseram a cerca do Ministério Público.

Ao longo do século XX, progressivamente, o país recuperou e dotou-se de instrumentos legais e de órgãos públicos refletindo as áreas de interesse da época e, de alguma forma, relacionados à área do meio ambiente, tais como: o Código de Águas - Decreto n° 24.643, de julho de 1934; o Departamento Nacional de Obras de Saneamento (DNOS); o Departamento Nacional de Obras contra a Seca (DNOCS); a Patrulha Costeira e o Serviço Especial de Saúde Pública (SESP).

Não foram apenas a Coroa portuguesa, o Império do Brasil e seus legisladores que se preocuparam com os rios, com os mares e as florestas brasileiras. Ao longo de quatro séculos, dezenas e dezenas de pensadores, cientistas, administradores, produtores, escritores, políticos e governantes, de diversas origens profissionais e geográficas, contribuíram na construção de uma corrente brasileira de pensamento conservacionista e progressista, uma verdadeira corrente de águas vivas. Eles inseriam sua visão crítica dentro de uma racionalidade econômica, social e cultural de longo prazo. A questão ambiental não era tratada de forma isolada, mas inserida em termos econômicos e políticos, numa visão muito próxima do conceito atual de desenvolvimento sustentável[126].

126. De certa forma, era bastante distante das correntes naturalistas e conservacionistas que surgiam nesse período na Europa e nos Estados Unidos.

## Brasileiros na defesa das águas

Faz tempo que os brasileiros preocupam-se e ocupam-se das questões ambientais. A gênese do pensamento e da crítica ambiental dos dias de hoje resulta, no caso do Brasil, de uma continuidade histórica de séculos, de uma tradição intelectual única. Estudos históricos recentes começaram a resgatar do esquecimento muitos autores e administradores dos séculos XVII, XVIII e XIX, pioneiros na abordagem das relações homem e meio ambiente no Brasil, ou ainda, as dimensões ambientais nas idéias e escritos de alguns pensadores, mais conhecidos por outras dimensões de sua contribuição histórica[127].

O conhecimento desses autores brasileiros dos séculos XVIII e XIX deverá crescer cada vez mais, assim como a valorização do papel da Coroa portuguesa, da Universidade de Coimbra e do diálogo coletivo e democrático instaurado durante quase dois séculos entre os mais diversos protagonistas, antes da independência e na fase do Império brasileiro.

A busca de um desenvolvimento mais sustentável teve no ítalo-lusitano Domenico Vandelli, médico e professor de Química em Pádua, uma pedra fundadora. Ele foi contratado pelo governo do Marquês de Pombal para lecionar Ciências Naturais em Coimbra, onde fundou o Museu de

---

127. Dentre eles, destacam-se as pesquisas do historiador José Augusto Pádua, autor de vários trabalhos, dentre os quais, particularmente, *Um sopro de destruição, pensamento político e crítica ambiental no Brasil escravista* (1786-1888). Zahar, Rio de Janeiro, 2002.

História Natural e o Jardim Botânico. Participou da reformulação da Universidade de Coimbra, da criação da Academia de Ciências de Lisboa e também do Jardim Botânico de Lisboa. Esse grande mestre do naturalismo português, adepto e conhecedor dos avanços da ciência natural consolidados por Buffon (1707-1788) e por Lineu (1707-1778), com quem se correspondia, contribuiu na formação de toda uma geração de estudiosos brasileiros.

Quase mil estudantes brasileiros passaram nessa época pela Universidade de Coimbra. De retorno ao Brasil, eles produziam informes e relatórios, e mantiveram com Vandelli uma correspondência informativa. Em seus escritos "Memória sobre a agricultura de Portugal e de suas conquistas" e "Memória sobre algumas produções naturais das conquistas", ambos de 1789, ele expôs os problemas ambientais da agricultura brasileira, a questão da erosão e da perda de fertilidade dos solos, a importância da prática adequada da estrumação e da aração, além do sentido estratégico da preservação das águas, dos bosques e florestas pela Coroa, a exemplo do que Colbert havia organizado na França, no final do século XVII.

Entre vários personagens dessa época, uma atuação das mais destacadas foi a do cientista baiano Alexandre Rodrigues Ferreira (1756-1815). Ele foi o primeiro naturalista brasileiro a viajar pela Amazônia, pesquisar e desenhar seus rios, suas águas, realizando coletas e relatando suas observações de forma sistemática. Matriculado na Faculdade de Leis da Universidade de Coimbra, transferiu-se, em 1774, para a Faculdade de Filosofia Natural, e doutorou-se em 1779. Seu mestre Vandelli convidou-o para assistente do Museu de Ajuda, em Lisboa.

O Ministro da Marinha e dos Negócios Ultramarinos, Martinho de Melo e Castro, patrono das ciências e grande interessado nos territórios de além-mar, promoveu expedições científicas e autorizou Vandelli a indicar pessoas. A escolha de Alexandre Rodrigues Ferreira foi feita em 1782.

Ele percorreu a Amazônia entre 1783 e 1791. Acompanhou-o uma equipe técnica formada por um botânico, Agostinho José do Cabo, e dois artistas desenhistas, Joaquim José Godina e José Joaquim Freire, excelentes profissionais e companheiros. Ele produziu o primeiro conjunto de representações exaustivas dos grandes rios amazônicos. Um legado iconográfico impressionante e pouco divulgado.

Alexandre Rodrigues Ferreira realizou viagens à ilha de Marajó, ao rio Tocantins, aos arredores de Belém e ao rio Amazonas e vários de seus afluentes. Explorou toda a bacia do rio Negro e gastou dois anos no preparo do material, na elaboração de manuscritos e preparação para a próxima etapa[128]. Em 1787, viajou pelo rio Madeira, alcançou o Mamoré, passou pelo Guaporé e pelo forte Príncipe da Beira, chegando em outubro de 1789 a Vila Bela, onde teve ampla hospitalidade do governador Luís Albuquerque de Melo Pereira e Cáceres. Sua viagem a Cuiabá foi realizada por terra. O regresso a Vila Bela deu-se em junho de 1791. Alcançou Belém em 1792 e regressou a Lisboa.

Recebido em Portugal por Melo e Castro e por Vandelli, conseguiu muitas honrarias e galgou sucessivos cargos. Sua saúde começou a declinar com a invasão de Portugal pelas tropas francesas do marechal Junot. O naturalista francês Geoffroy Saint-Hilaire solicitou e Junot retirou de Portugal tudo que conviesse ao Museu de Paris[129]. Os manuscritos de Rodrigues Ferreira, levados para Paris, foram devolvidos em 1815. Entre as milhares de páginas escritas, dedicou duas memórias à defesa do peixe-boi e da tartaruga amazônica, denunciando os métodos predatórios utilizados pelos ribeirinhos e pelos índios, um verdadeiro massacre.

Imaginando um Estado monárquico independente, o juiz conservador das matas de Ilhéus, doutorado em Coimbra, Balthasar da Silva Lisboa (1761–1840) publicou, em 1786, uma obra de historiador, o "Discurso histórico, político e econômico dos progressos e estado atual da filosofia

---

128. De Barcelos, foram enviadas 23 memórias, quatro diários de viagem, duas descrições, um extrato, um tratado histórico, uma notícia, um mapa, nove remessas de material e uma de amostras de madeira.

129. A pilhagem montou em 76 mamíferos (dos quais pelo menos 15 primatas eram exemplares de espécies coletadas por Rodrigues Ferreira), 387 aves, 32 répteis, 100 peixes, 508 insetos, 12 crustáceos e 468 conchas, num total de 1.583 exemplares. Acrescentem-se a isso 59 minerais, 10 fósseis, os herbários de Rodrigues Ferreira e do frei José Velloso, com 1.114 plantas, e oito herbários de outras procedências.

natural portuguesa, acompanhado de algumas reflexões sobre o estado do Brasil", uma síntese programática das questões sociais, econômicas e ambientais do Brasil, naquele momento, com uma crença absoluta na capacidade da ciência de resolver a quase totalidade desses problemas. Ele foi o autor de um "Regimento dos cortes de madeira" criando a reserva de áreas florestais. Ele buscou a retomada das matas litorâneas pela Coroa, inclusive em sesmarias já concedidas, para proteção dos rios e dos mananciais. Para ele, o Estado monárquico deveria ser o agente da racionalidade pública.

Profundo conhecedor das técnicas européias de manejo florestal, Manuel Ferreira da Câmara Bittencourt e Sá (1762-1835), da Bahia, deixou relevantes contribuições na temática da silvicultura nacional e quanto ao mercado de madeiras. Recomendou vários cuidados a serem adotados nas atividades extrativistas de madeira, na caça às baleias e tartarugas, preservando a produtividade das águas.

No mesmo sentido também atuou, em 1784, o inspetor de Cortes Reais, o desembargador Francisco Nunes da Costa, um funcionário da Coroa consciente da urgência de protegerem-se os recursos florestais do Brasil. Contra os que chamava de rústicos, ambiciosos, arruinadores, bárbaros, incendiários e inimigos do Estado, ele propôs uma política ampla de reserva das matas para a Armada Real, inclusive em terras particulares, próximas dos rios, medidas já previstas no "Regimento do Monteiro-Mor" de Portugal.

Vários outros naturalistas luso-brasileiros engajaram-se, nos âmbitos público e privado, e escreveram diversas manifestações durante os séculos XVIII e XIX. Os limites deste capítulo não permitem relatar todas essas contribuições mas justificam a menção das contribuições do desembargador e conselheiro do Imperador, Antônio Rodrigues Veloso de Oliveira (1750-1824) no Maranhão e em São Paulo[130], João Severiano Maciel da

130. Insurgiu-se contra o direito dos extratores de madeira de entrarem em propriedades privadas para cortar os "paus reais" sem autorização. Sugeriu contratos longos de parceria para fixar o homem à terra e preservar solos e florestas. Foi deputado na Assembléia Constituinte de 1823.

Costa (1769-1833)[131] e Januário da Cunha Barboza (1750-1846)[132] no Rio de Janeiro e Raymundo da Cunha Mattos (1776-839). Estes dois últimos foram lideranças de instâncias de atuação coletiva, associativa, cultural e profissional nos destinos da nação como a Sociedade Auxiliadora da Indústria Nacional, criada em 1827, e o Instituto Histórico e Geográfico Brasileiro, fundado em 1838. Contudo, existe um exemplo luminoso e incontornável: José Bonifácio de Andrada e Silva (1763-1838), o Patriarca da Independência[133].

Nascido em Santos, em 1783, ele começou seus estudos acadêmicos em Coimbra e viveu a maior parte de sua vida na Europa. Como geólogo, mineralogista, acadêmico e administrador público conheceu, estudou e trabalhou na França, Alemanha, Dinamarca, Itália, Suécia e Noruega. Sua preocupação com a destruição dos recursos naturais vinha desde a juventude. Em 1790, ele publicou, pela Academia de Ciências de Lisboa, sua famosa memória em defesa das baleias e contra a atitude predatória da indústria do azeite. Um detalhado manifesto crítico contra a pesca predatória das baleias que as levaria à extinção, além de denunciar os erros e irracionalidades da industrialização do óleo de baleia.

Formado em Coimbra, defendeu o plantio de bosques e arvoredos em Portugal. Estudou Química em Paris e ampliou suas teses sobre os efeitos negativos do desmatamento, inclusive sobre o clima. Após a França, seguiu para a Alemanha, onde completou seus estudos em mineralogia e estabeleceu um relacionamento pessoal com Alexander von Humbolt. Prosseguiu seus estudos na Europa do Norte, e, na Suécia, em Upsala, aproximou-se de Lineu.

Monarquista, ele desejava fazer progredir o Brasil para o bem do Império lusitano. Com 56 anos, em 1819, voltou ao Brasil. Ele não cogitava da independência do país, três anos antes de 1822. Como Reino Unido de Portugal, ele buscava um desenvolvimento autônomo para o Brasil, sem

---

131. Foi governador civil da Guiana Francesa, ocupada por D. João VI entre 1810 e 1817. Analisou com profundidade o vínculo existente entre escravidão e degradação ambiental no Brasil, apresentando o sentido estratégico das mudanças necessárias para inserção social dos negros, para a unidade territorial e a preservação dos recursos naturais, às vésperas da proclamação da Independência.

132. Desenvolveu a teoria do dessecamento como o resultado do ataque generalizado à natureza, defendendo suas teses ambientalistas na revista "O Auxiliador da Indústria Nacional" e baseando suas teses nos mais avançados conhecimentos científicos de seu tempo. A revista publicou, desde 1833, vários artigos sobre a questão da preservação dos recursos naturais do Brasil.

133. Evaristo Eduardo de Miranda. *Natureza, conservação e cultura*. Metalivros, São Paulo, 2003.

romper com a Coroa portuguesa. Ao retornar a sua cidade natal e visitar o interior de São Paulo, deu-se conta da realidade do Brasil e ficou chocado com a destruição irracional dos recursos naturais. Contribuiu na fundação da Escola de Minas (e geologia) da atual Ouro Preto. Seus escritos, de 1821 a 1823, manifestavam sua vontade de modernização tecnológica e científica e traduziam propostas globais e integradas para mudar as instituições e o país. Seu programa incluía a emancipação dos escravos, a assimilação dos índios, a reforma agrária e o uso racional dos recursos naturais, reduzindo a monocultura, o latifúndio e a destruição florestal. Descreveu claramente a poluição das águas e a destruição dos rios pelas atividades de mineração, propondo medidas para reduzir tais impactos e desperdícios, aumentando a eficiência das lavras.

Do ponto de vista simbólico, a independência do Brasil, em 7 de setembro de 1822, ocorreu à beira das águas, junto ao riacho do Ipiranga. As margens plácidas desse riacho serviam para matar a sede do viajante que acabava de subir a escarpa da Serra do Mar. São Paulo era avistada ao longe. As pessoas se lavavam, trocavam de roupas e preparavam-se para entrar na Vila de Piratininga. Esse pouso, essa parada, permitiu aos mensageiros alcançarem D. Pedro I nesse local. A topografia e a toponímia ficaram para sempre registradas no início do hino nacional brasileiro: "*Ouviram do Ipiranga, às margens plácidas...*". O significado da palavra Ipiranga já recebeu diversas interpretações. Mas prevalece "água vermelha"[134] e também "água barrenta", interpretação dada pelos primeiros habitantes brancos do planalto. Eles provavelmente a receberam diretamente dos índios guaianazes, moradores do local quase cinco séculos atrás. Os primeiros registros da região do Ipiranga remontam a 1510[135].

No período do Império do Brasil, a defesa das águas foi enriquecida pela contribuição de numerosos cientistas e naturalistas, inspirados em José Bonifácio e organizados em associações imperiais, científicas e cultu-

134. Antônio Gonçalves Dias. *Dicionário de Língua Tupy*. Lipsia. Rio de Janeiro. 1858.

135. Nessa época, João Ramalho já habitava, juntamente com os índios, a área do Planalto de Piratininga, compreendida entre a margem direita do ribeirão Guapituva até a aldeia do cacique Tibiriçá.

rais, sob o patrocínio de D. Pedro II. Suas intervenções estão vinculadas aos impactos negativos da expansão da cultura do café e à luta antiescravagista. Boa parte dessa elite intelectual era do círculo de amizades do Imperador Pedro II e contribuiu nas políticas governamentais, apesar da oposição parlamentar da oligarquia escravocrata-republicana[136].

Uma personalidade marcante, muito ativa junto ao Imperador Pedro II em questões ambientais, foi André Rebouças (1843-1898). Esse negro, filho de escravos, foi uma das personalidades brasileiras mais importantes do século XIX. Engenheiro e professor de Botânica, Cálculo e Geometria na Escola Politécnica, era também escritor e analista dos problemas sociais e econômicos. Participante ativo na luta contra a escravidão, organizou clubes e associações, contribuía financeiramente com tudo o que ganhava e era um propagandista incansável. Lutou pela preservação dos rios e das águas brasileiras. Durante a grande seca de 1877, por iniciativa de Rebouças, sob a presidência do Conde d'Eu, o Instituto Politécnico organizou uma série de debates sobre a questão. Na preservação dos recursos hídricos, combateu as queimadas e os desmatamentos e propôs, em 1876, no livro "Excursão ao Salto do Guairá", a criação de parques nacionais voltados para a preservação dos rios: na Ilha do Bananal, no rio Araguaia, e nos saltos de Iguaçu e das Sete Quedas, no rio Paraná[137].

No mesmo ano nasceram o segundo Imperador do Brasil e Guilherme Schuch, o futuro Barão de Capanema (1825-1908). Ele estudou engenharia na Europa. Em Munique, Capanema teve intenso contato com os botânicos Spix e Martius, naturalistas empenhados naquela célebre expedição científica pelo Brasil, da qual resultou a primeira flora brasileira. Guilherme Capanema concluiu engenharia na Escola Politécnica de Viena. De volta ao Brasil, tornou-se professor da Escola Militar e subdiretor da divisão de geologia do Museu Nacional. Fundou na Corte, em 1852, o Telégrafo Nacional, e instalou, em 1855, a primeira linha telegrá-

---

136. Evaristo Eduardo de Miranda. *Natureza, conservação e cultura*. Metalivros, São Paulo, 2003.

137. Após a abolição, em um artigo da série "Republiquistas", publicada no jornal Cidade do Rio, Rebouças identificava a luta e as vitórias do abolicionismo monarquista com os "princípios altruístas, científicos e abolicionistas de José Bonifácio". Vitimado pela República, André Rebouças exilou-se juntamente com D. Pedro II e a princesa Isabel, e disse que só voltaria ao Brasil quando também fosse permitido que eles voltassem. Cumpriu sua palavra. Viveu o resto da vida no estrangeiro, na miséria. Morreu na Ilha da Madeira.

fica do Brasil. Em 1858, publicou "Agricultura: fragmentos do relatório dos comissários brasileiros à Exposição Universal de Paris em 1855". Engajado na luta pela preservação dos solos, das águas e das florestas, denunciou o risco de a expansão das ferrovias ser um instrumento de devastação e não de progresso. Foi demitido sumariamente pelos republicanos em novembro de 1889.

Pioneiro na implementação das atividades de restauração ambiental no Brasil, o Dr. Luiz Pedreira do Couto Ferraz, barão e visconde do Bom Retiro, nasceu na cidade do Rio de Janeiro em 1818 e faleceu em 1886. Doutorou-se em Direito pela Faculdade de São Paulo, em 1839, onde depois foi professor. Era amigo de infância do Barão de Capanema e do Imperador a quem acompanhou em suas viagens dentro e fora do país. O Visconde do Bom Retiro participou ativamente das discussões promovidas pelo círculo intelectual promovido pelo Barão de Capanema, Freire Alemão, Araújo Porto Alegre e outros. Como ministro, viabilizou a Comissão Científica de Exploração, em 1856. Na defesa dos recursos hídricos, ele tomou as primeiras medidas concretas para combater o impacto dos desmatamentos (desapropriação de terras, preservação de nascentes, replantio de bosques) entre 1854 e 1856, quando era Ministro do Império. Presidiu o Imperial Instituto Fluminense de Agricultura e dirigiu a Revista Agrícola, importante foro de debate técnico e democrático de questões rurais e ambientais, do qual participavam agrônomos, médicos, engenheiros, proprietários, políticos e outros intelectuais[138].

Nascido numa fazenda, Francisco Freire Alemão (1797-1874), médico pessoal de D. Pedro II, desde a infância lamentou a derrubada das florestas e a extinção dos animais. Em seus escritos e discursos sempre vinculou o desmatamento brasileiro com a história de outras nações que, ao perderem suas florestas, tornaram-se verdadeiros desertos. Em 1849, elaborou a pedido do Ministério da Guerra, um projeto para o corte ordenado de árvores

138. José Augusto Pádua. *Um sopro de destruição, pensamento político e crítica ambiental no Brasil escravista (1786-1888)*. Zahar, Rio de Janeiro, 2002.

para construção naval, sem desmatamento, baseado num manejo sustentado das florestas. Elas permaneceriam íntegras em suas funções produtivas e de proteção das águas e dos mananciais. Em 1850, junto com Silva Maia, Guilherme Capanema, Frederico Burlamaque e outros, criou um centro independente de debates científicos sobre a natureza.

Carlos Taunay (1791-1867), filho de Nicolas Taunay, um membro destacado da Missão Artística Francesa trazida ao Rio de Janeiro por D. João VI, apesar de sua formação de militar, e não de naturalista, foi o autor de um "Manual do Agricultor Brasileiro". Entre suas recomendações técnicas estava, também, o cuidado com o meio ambiente e com as matas. Taunay descreveu as mudanças climáticas ocorridas no Rio de Janeiro após a vinda de D. João VI devido ao intenso desmatamento: as fontes de água próximas à cidade secaram, o calor aumentou, as chuvas diminuíram etc.

Em seus múltiplos e eruditos artigos, Tomás Pompeu de Souza Brasil (1818-1877) denunciou não somente os terríveis efeitos da devastação das matas, mas *"sobretudo o egoísmo e a indiferença para com as gerações futuras..."*. Em 1860, publicou "A necessidade da conservação das matas e da arboricultura". Ele vinculou mudanças climáticas e desmatamento, identificando os impactos do desmatamento sobre os recursos hídricos. Em 1877, publicou uma "Memória sobre o clima e as secas do Ceará".

Em 1844, após uma grande seca, o Ministro Almeida Torres propôs desapropriações e plantios de árvores nessas áreas para salvar os mananciais do Rio de Janeiro. Em 1854 e 1856, começaram a ser desapropriados alguns sítios com essa finalidade pelo Ministro do Império Couto Ferraz. Em 1861, por iniciativa de D. Pedro II, foram criadas (e plantadas) as Florestas da Tijuca e das Paineiras, pelo decreto imperial 577: *"Em Portaria de 11 de Dezembro de 1861,'Sua Majestade o Imperador há por bem aprovar as seguintes Instruções provisórias para o plantio e conservação das florestas da Tijuca e das Paineiras"*.

Essa portaria é um exemplo de administração pública transparente, com fundamentação técnica, zelosa do bem comum. Indica um reflorestamento a ser realizado com mudas de árvores do país, e não exóticas ou voltadas para uma função produtiva: *"Art. 1.º Nos terrenos nacionais sitos na Tijuca e Paineiras, estabelecer-se-á uma plantação regular de arvoredo do país. Art. 2.º Esta plantação se fará especialmente nos claros das florestas existentes nos ditos lugares pelo sistema de mudas, devendo-se estabelecer, nos pontos que forem para isso escolhidos, sementeiras ou viveiros de novas plantas".*[139]

Um dos problemas das arborizações públicas é a facilidade da corrupção. O administrador paga por mudas inadequadas. Elas nunca chegam ao destino. A qualidade sanitária ou a data inadequada do plantio inviabilizam seu sucesso ou elas morrem por danos de terceiros. A portaria imperial também tentava impedir desvios dessa natureza ou até o dano à mata, sob pretexto de replantá-la, ocupando sua área para canteiros ou arrancando suas jovens árvores para fazer mudas: *"Art. 4.º As mudas que se empregarem não terão menos de três anos, nem mais de 15 de idade, e poderão ser coligidas nas matas das Paineiras, devendo a plantação ter lugar na estação própria.* A portaria imperial também estabelecia as bases da administração do empreendimento florestal:

*Art. 8.º Aos Administradores, feitores e serventes das florestas, incumbe impedir a danificação das árvores, devendo prender e remeter à autoridade policial mais vizinha para ser processada a pessoa que for encontrada em flagrante delito.*

*Art. 9.º Empregarão todo o zelo na conservação das estradas que atravessam ou atravessarem as florestas; não admitindo dentro das últimas indivíduo algum que não esteja competentemente autorizado com a necessária portaria de licença, quer seja ou não para caçar, e inspecionando-as de modo que não sirvam de asilo a malfeitores".*

O major Manuel Archer e Tomás da Gama foram, respectivamente, seus administradores e cerca de 100 mil árvores foram plantadas. De 1875 a 1888,

139. A portaria do Imperador se dava o trabalho de definir os espaçamentos de plantio, sua direção e posicionamento com relação às nascentes: "Art. 3.º A plantação se fará em linhas retas paralelas entre si, sendo as de uma direção perpendiculares às das outras. O trabalho começará das margens das nascentes para um e outro lado, com a distância de 25 palmos entre umas e outras árvores".

o Barão Gastão H. de Escragnolle foi o responsável pela Floresta da Tijuca[140]. Grupando as Florestas da União no Maciço da Tijuca, no antigo Estado da Guanabara, denominadas Tijuca, Paineiras, Corcovado, Gávea Pequena, Trapicheiro, Andaraí, Três Rios e Covanca, por Decreto Federal, em 1961, foi criado o Parque Nacional do Rio de Janeiro. Em 1967, um Decreto Federal alterou os limites e o nome do Parque. Ele passou a ter a denominação de Parque Nacional da Tijuca, com cerca de 3.300 hectares.

Em 1878, o Ministro da Agricultura, Comércio e Obras Públicas, João Lins Cansanção de Sinimbu, organizou um Congresso Agrícola, reunindo cerca de 300 proprietários rurais e profissionais da agricultura de São Paulo, Rio de Janeiro, Espírito Santo e Minas Gerais, para discutir a crise agrícola, social e ambiental e suas possíveis saídas. O debate ambiental no Brasil Império não se limitava à capital do Brasil.

Em 1886, na região de Belém, Domingo Soares Ferreira Penna (1818-1888), com outros naturalistas e colaboradores, criou a Associação Filomática. Em cinco anos, ela se transformou no Museu Paraense, hoje Emílio Goeldi, um marco nos estudos científicos da Amazônia. Muitos brasileiros, como Miguel Antônio da Silva (1832-1879) e José Saldanha da Gama (1839-1905) engajaram-se e contribuíram na busca de um modelo de exploração agrícola e florestal, pastoril e pesqueiro, mais preservacionista e eficiente.

O grande vulto entre pensadores e membros atuantes da causa ambientalista e antiescravagista no Brasil imperial foi Joaquim Nabuco (1849-1910). Desde menino, ele se maravilhava com o esplendor da natureza brasileira, com a grandeza do vale do Amazonas, com suas águas infinitas, ao tempo em que se revoltava contra a exploração do trabalho escravo. Em seu livro "A Escravidão", de 1870, esse monarquista demonstrou: deveriam ser libertadas da escravidão não somente as relações de trabalho, mas a servidão a que os homens submetiam terras, águas, comércio, indústria, cultura e política.

140. Após a proclamação da República pouco se fez. A floresta ficou sob guarda do Ministério da Viação, posteriormente da Saúde e, depois, da Agricultura. De 1943 a 1976, parte da Floresta da Tijuca esteve sob a guarda e a fiscalização da Prefeitura do Distrito Federal, depois, do Estado da Guanabara e finalmente do Município do Estado do Rio de Janeiro. As demais florestas protetoras de mananciais permaneceram com o Ministério da Agricultura desde 1941 até a criação do Parque Nacional da Tijuca.

Após a abolição, Nabuco em seus discursos parlamentares, assim como outros líderes da elite associada a D. Pedro II, propunha a implementação imediata das outras reformas complementares, previstas no ideário abolicionista: mudanças na estrutura agrária, fim dos subsídios públicos às grandes propriedades, promoção do imposto territorial, divisão e mercado de terras, prioridades para sustentar a pequena agricultura, vinda de imigrantes europeus, crédito rural adequado aos lavradores sem terra, integração econômica e social dos negros e apoio às reformas democráticas propostas por D. Pedro II.

Contra essas transformações de longo alcance, desenvolvidas com a família imperial, e que D. Pedro II deixou claro em sua mensagem à Assembléia Legislativa em maio de 1889, insurgiu-se o golpe dos republicanos oligárquicos e escravocratas. A capacidade política e administrativa, a grandeza moral e intelectual de Joaquim Nabuco não bastaram. A República alijou-o do cenário nacional, como uma ameaça ao regime militar e antidemocrático instalado pelo golpe. Ele foi vitimado por um impiedoso ostracismo, após novembro de 1889.

Ao longo do século XX, a devastação ambiental sem precedentes será a marca de sucessivos governos. Ora em nome do desenvolvimento, ora em conseqüência do abandono do planejamento territorial, ora como fruto da busca da integração nacional, ora como resultado da mais absoluta incúria administrativa. Mas avanços foram realizados no sentido de dotar o país de instituições e instrumentos para gerir suas águas e seus recursos naturais. O período entre 1930 a 1950 caracterizou-se pela industrialização com base na substituição de importações. O país dotou-se de instrumentos legais e de órgãos públicos refletindo as áreas de interesse da época e, de alguma forma, relacionados à área do meio ambiente, tais como: o Código de Águas - Decreto nº 24.643 de 1934; o Departamento Nacional de Obras de Saneamento (DNOS); o Departamento Nacional de Obras contra a Seca (DNOCS); a Patrulha Costeira e o Serviço Especial de Saúde Pública (SESP).

As medidas de conservação e preservação do patrimônio natural, histórico e artístico mais significativas foram: a criação de parques nacionais e de florestas protegidas nas regiões Nordeste, Sul e Sudeste; o estabelecimento de normas de proteção dos animais; a promulgação dos códigos de floresta, de águas e de minas; a organização do patrimônio histórico e artístico; a disposição sobre a proteção de depósitos fossilíferos e a criação, em 1948, da Fundação Brasileira para a Conservação da Natureza.

Na década de 60, o Governo brasileiro comprometeu-se com a conservação e a preservação do meio ambiente, efetivadas por sua participação em convenções e reuniões internacionais, como por exemplo, a Conferência Internacional promovida pela UNESCO, em 1968, sobre a Utilização Racional e a Conservação dos Recursos da Biosfera. Nessa ocasião foram definidas as bases para a criação de um programa internacional dedicado ao Homem e à Biosfera (MAB - *Man and Biosphere*), que foi efetivamente criado em 1970. O Brasil, como membro das Nações Unidas, assinou acordos, pactos e termos de responsabilidade entre países, no âmbito da Declaração de Soberania dos Recursos Naturais.

Na década de 70, com o agravamento dos problemas ambientais, após a participação da delegação brasileira na Conferência das Nações Unidas para o Ambiente Humano, realizada em 1972, em Estocolmo, Suécia, medidas efetivas foram tomadas em relação ao meio ambiente no Brasil. Participaram do evento representantes de aproximadamente 113 nações, 90% das quais pertenciam ao grupo dos países em desenvolvimento. Nessa época, apenas 16 deles possuíam entidades de proteção ambiental. Os delegados dos países em desenvolvimento, liderados pela delegação brasileira, defendiam seu direito às oportunidades de crescimento econômico a qualquer custo.

Em 1973, foi criada a Secretaria Especial do Meio Ambiente - SEMA, pelo Decreto nº 73.030, que se propôs discutir junto à opinião pública a questão ambiental e a redução das atitudes predatórias. A SEMA não contava com nenhum poder policial para atuar na defesa do meio ambiente e dedicou-se a defender dois grandes objetivos: estar atenta à poluição, principalmente a industrial, mais visível, e proteger a natureza.

O Governo Federal, por intermédio da SEMA, instituiu em 1981 a Política Nacional do Meio Ambiente, pela qual foi criado o Sistema Nacional do Meio Ambiente (SISNAMA) e o Cadastro Técnico Federal de Atividades e Instrumentos de Defesa Ambiental. Por esse Cadastro foram definidos os instrumentos para a implementação da Política Nacional, dentre os quais o Sistema Nacional de Informações sobre o Meio Ambiente (SINIMA). Foi criado, também, o Conselho Nacional do Meio Ambiente (CONAMA) que tem poderes regulamentadores e estabelece padrões de meio ambiente.

A SEMA propôs o que seria de fato a primeira lei ambiental, no País, destinada à proteção da natureza: a Lei nº 6.902, de 1981 — ano-chave em relação ao meio ambiente brasileiro. Propôs a criação das seguintes unidades de conservação pelo governo federal: parques nacionais, reservas biológicas, reservas ecológicas, estações ecológicas, áreas de proteção ambiental e áreas de relevante interesse ecológico. Nos estados e municípios, a preocupação centrou-se na proteção de mananciais e cinturões verdes em zonas industriais.

No tocante ao meio ambiente, a atuação crescente da sociedade organizada, das organizações não-governamentais e determinadas personalidades históricas do ambientalismo favoreceu o surgimento de uma nova consciência ambiental. Em 1983, a implementação do Plano Nacional de Conservação de Meio Ambiente levou à criação da Comissão Diretora para Planejamento para o Meio Ambiente, um marco inicial para projetos de educação ambiental que incluíam a participação da comunidade.

No campo legal, um passo decisivo foi dado com a aprovação da Lei 7.347, em 1985, chamada de "Lei dos Interesses Difusos". Ela permitiu que qualquer cidadão pudesse acionar a responsabilidade por danos morais e patrimoniais causados: ao meio ambiente; ao consumidor; a bens e direitos de valor artístico, estético, histórico, turístico e paisagístico; a qualquer outro interesse difuso ou coletivo.

A grande fase da atuação na questão ambiental do Ministério Público foi inaugurada com a Constituição Federal de 1988, cujos termos são considerados absolutamente inovadores, mesmo em nível internacional. A Constituição de 1988 é dotada de um capítulo próprio sobre o Ministério Público. A Constituição da República Federativa do Brasil de 1988 declarou o Ministério Público como instituição permanente e essencial à função jurídica, do regime democrático e dos interesses sociais e individuais disponíveis[141]. As normas constitucionais elaboradas para o Ministério Público o distinguem de qualquer outra instituição brasileira.

A Constituição de 1988 incluiu um capítulo inteiro, o sexto, consagrado ao meio ambiente. O seu primeiro artigo, o 225, declara: *"Todos têm direito ao meio ambiente ecologicamente equilibrado, bem de uso comum do povo e essencial à sadia qualidade de vida, impondo-se ao Poder Público e à coletividade o dever de defendê-lo e preservá-lo para as presentes e futuras gerações"*. Em seu parágrafo 4, a Constituição afirmou que *"A Floresta Amazônica brasileira, a mata Atlântica, a Serra do Mar, o Pantanal Mato-Grossense e a Zona Costeira são patrimônio nacional, e sua utilização far-se-á, na forma da lei, dentro de condições que assegurem a preservação do meio ambiente, inclusive quanto ao uso dos recursos naturais"*.

Durante o governo do presidente José Sarney foi elaborado e implementado o Programa Nossa Natureza, um enorme conjunto de projetos, iniciativas legais, organizacionais e administrativas, gestadas com a participação ampla de setores técnicos, governamentais e não-governamen-

---

141. Suas atribuições são de natureza executiva, como instituição vinculada ao Poder Executivo, funcionalmente independente, cujo chefe, o Procurador-Geral da República, somente pode ser afastado de seu cargo por decisão do Senado Federal, mediante votação para a qual é exigida a maioria qualificada.

142. Criado pela Lei nº 7.735, de 22 de fevereiro de 1989, o IBAMA foi formado pela fusão de quatro entidades brasileiras que trabalhavam na área ambiental: Secretaria do Meio Ambiente - SEMA; Superintendência da Borracha - SUDHEVEA; Superintendência da Pesca – SUDEPE e o Instituto Brasileiro de Desenvolvimento Florestal - IBDF.

tais. Nessa ocasião foi criado o Instituto Brasileiro do Meio Ambiente e dos Recursos Naturais Renováveis, o IBAMA[142], e criadas as bases para a criação do futuro Ministério do Meio Ambiente.

Em 1990, foi criada a Secretaria do Meio Ambiente — SEMAM da Presidência da República —, que tinha no IBAMA seu órgão gerenciador da questão ambiental, responsável por formular, coordenar, executar e fazer executar a Política Nacional do Meio Ambiente e da preservação, conservação e uso racional, fiscalização, controle e fomento dos recursos naturais renováveis.

Coube ao presidente Sarney a iniciativa de propor e ver aprovada a realização no Brasil, no Rio de Janeiro, da Conferência Internacional sobre Meio Ambiente e Desenvolvimento, a Rio-92. Realizada durante o governo do presidente Fernando Collor de Melo, com a participação de 170 países, ela definiu pela primeira vez importantes convenções, tratados e declarações em escala planetária[143]. O evento foi a maior reunião de chefes de Estado da história da humanidade. Reuniu cerca de 117 governantes de países e contou também com a participação da sociedade civil organizada. Cerca de 22 mil pessoas do Terceiro Setor, de nove mil Organizações Não-Governamentais (ONGs), estiveram presentes nos dois principais eventos da Eco 92: a Cúpula da Terra e o Fórum Global, este último promovido pelas ONGs. Em outubro de 1992, ocorreu a criação do Ministério do Meio Ambiente - MMA, com o objetivo de estruturar a política do meio ambiente no Brasil.

Após sete anos de tramitação no Congresso Nacional, foi sancionada a Lei de Crimes Ambientais, em 1998. Com seus 82 artigos, ela regulamentou o artigo 225 da Constituição Federal. A nova lei introduziu, de forma clara e objetiva, a responsabilidade penal da pessoa jurídica, prevendo para ela tipos e sanções bem definidas — evidentemente, diversas daquelas que só se aplicam à pessoa humana. A Lei de Crimes Ambien-

---

143. Convenção da biodiversidade: estabelece metas para preservação da diversidade biológica para exploração sustentável do patrimônio genético, sem prejudicar ou impedir o desenvolvimento de cada país. Convenção do clima: estabelece estratégias de combate ao efeito estufa. A convenção deu origem ao Protocolo de Kyoto, pelo qual as nações ricas devem reduzir suas emissões de gases estufa. Declaração de princípios sobre florestas: garante aos Estados o direito soberano de aproveitar suas florestas de modo sustentável, de acordo com suas necessidades de desenvolvimento. Agenda 21: conjunto de 2.500 recomendações sobre como atingir o desenvolvimento sustentável, incluindo determinações que preveem a ajuda de nações ricas a países pobres. A Agenda 21 abarca temas que vão desde energia nuclear ao desmatamento e questões éticas. Foi assinado por 179 países. Os signatários assumiram o compromisso de elaborar e implementar Agendas 21 nacionais.

tais, além de tipificar penalmente inúmeras outras condutas como lesivas à natureza, adota princípios ramificados nas principais convenções mundiais sobre o meio ambiente, no encalço de sua preservação e na busca de um progresso economicamente sustentável[144]. Foi um dos últimos eventos significativos na legislação ambiental, encerrando um século XX repleto de criação de órgãos públicos, departamentos, institutos, superintendências, secretarias, cargos e funções burocráticas frente a desmatamentos sem precedentes, queimadas, desastres ambientais, biopirataria e perda do patrimônio produtivo e natural.

Os gestos do imperador Pedro II na preservação das águas e das matas no século XIX ainda não foram igualados, mesmo se a necessidade de plantio de florestas cresceu agudamente no século XX. Ele resume, como um ícone, a atuação de todos esses luso-brasileiros na defesa das águas, das florestas e do meio ambiente entre os séculos XVI e XIX. Se certos historiadores tentam apagar da memória essa gesta da gente brasileira, não têm como esconder a mata tropical do Corcovado, sobre a qual brilha o Cristo Redentor. A floresta da Tijuca, para onde o país orgulhosamente levou em visita todos os chefes de Estado que participavam da Rio-92, continua sendo um caso único. Os tempos eram outros, mas existe uma continuidade histórica, um elo de pensamento, entre os ambientalistas brasileiros, mais ou menos consciente, ao longo de séculos[145]. Um elo espiritual e humano, na história da Igreja do Brasil, enraizado no encontro de povos sob o impulso missionário e visionário de um cristianismo em busca de inculturação.

---

144. Miguel Sales, *A lei de Crimes Ambientais*. TER Lex, Recife, 1999.

145. Aos cronocentristas, de pena fácil na crítica do Brasil monárquico, caberia refletir sobre o que diriam todos esses pensadores diante da infinitamente maior devastação ambiental praticada neste país, de forma avassaladora na segunda metade do século XX, sobre o conjunto do território nacional, principalmente contra suas florestas e suas águas, apesar de todo o aparato jurídico, administrativo, logístico e técnico científico disponível nas mãos dos atuais governos republicanos.

# A inculturação das águas indígenas e luso-brasileiras

A batalha de Aljubarrota, no século XIV, marcou de forma definitiva a independência de Portugal frente aos castelhanos. Faz tempo. Mais de 600 anos. Como memória dessa vitória dos portugueses, liderados pelo Condestável D. Nuno Álvares Pereira, foi elevada, por sua ordem, uma capela a São Jorge naquele local. Ela deu origem a uma aldeia do mesmo nome. Exatamente lá, onde sua bandeira esteve posta e onde a peleja e a resistência foram mais rijas. Dentro de um nicho, cavado na frontaria, na parte externa da capela, fica sempre uma bilha[146]. Curiosos a história e o simbolismo dessa bilha, sempre mantida com água, fresca e renovada, à disposição do sedento viajante. Na maior parte do clima mediterrânico, as águas são raras e sua escassez é freqüente. Particularmente durante o verão. Essa bilha de São Jorge está cheia de história e é a água do Condestável, repleta de engenho, amor à pátria e fé ardente na justiça. Ainda hoje ela convida todos a abrir os lábios e beber. Beber dessa história. E a história das águas indígenas e luso-brasileiras também pede para ser bebida, desde os primeiros instantes desse encontro histórico.

A relativa abundância das águas brasileiras foi imediatamente destacada na carta[147] enviada ao rei D. Manuel pelo escrivão Pero Vaz de

146. Jaime Cortesão. *Vida de Nuno Álvares Pereira*. Veja. Lisboa. 2002.

147. Pero Vaz de Caminha. *Carta a el-rei D. Manuel sobre o achamento do Brasil*. Imprensa Nacional - Casa da Moeda, Lisboa, 1974.

148. A carta dirigida ao rei D. Manuel descreve a natureza e sinaliza a presença de quinze vertebrados e três invertebrados da fauna da mata e da costa atlântica. Caminha foi o autor da primeira descrição geológica das barreiras terciárias da costa brasileira.

149. Comissão Nacional para as Comemorações dos Descobrimentos Portugueses. Os primeiros 14 documentos relativos à Armada de Pedro Álvares Cabral. Instituto dos Arquivos Nacionais/Torre do Tombo, Lisboa, 1999.

150. Comissão Nacional para as Comemorações dos Descobrimentos Portugueses. *Os primeiros 14 documentos relativos à Armada de Pedro Álvares Cabral. Instituto dos Arquivos Nacionais/ Torre do Tombo, Lisboa, 1999.*

Caminha[148]: "*Águas são muitas, infindas. E em tal maneira é graciosa que, querendo-a aproveitar, dar-se-á nela tudo por bem das águas que tem. Mas o melhor fruto que nela se pode fazer me parece que será salvar esta gente*". As águas brasileiras eram terapêuticas, introduziam e faziam pensar em novas realidades. O texto de Caminha lembra a reflexão do índio ianomami sobre a sacralidade das águas. Os homens que nela se banhavam, fizeram o escrivão pensar no infinito, no batismo, na evangelização, na graça de dar tudo por bem das águas e na salvação da alma dos indígenas, como o melhor fruto alimentado pela seiva das águas brasileiras. Caminha lembrou da água benta.

Outro relato da viagem do descobrimento, menos divulgado, é a "Relação do Piloto Anônimo", um dos três documentos conhecidos escritos por participantes da armada de Pedro Álvares Cabral[149]. Nele, as águas são destacadas por sua abundância, diversidade e produtividade em peixes. É como se o Piloto Anônimo já pensasse no uso múltiplo das águas e em sua produtividade pesqueira: "*A terra é muito abundante de árvores e de águas... (...) os homens usam redes e são grandes pescadores. O peixe que tiram é de diversas qualidades*".

Está nesse documento a primeira descrição do peixe-boi, ausente na carta de Pero Vaz de Caminha. É também a única descrição de um animal brasileiro em toda a Relação: "*... pescam peixes de muitas espécies, entre os quais vimos um peixe que apanharam, que seria grande como uma pipa e mais comprido e redondo, e tinha a cabeça como um porco e os olhos pequenos e não tinha dentes e tinha orelhas compridas do tamanho dum braço, e da largura de meio braço. Por baixo do corpo tinha dois buracos, e a cauda era do comprimento dum braço e outro tanto de largura. E não tinha nenhum pé em sítio nenhum. Tinha pêlos como o porco e a pele era grossa como um dedo e as suas carnes eram brancas e gordas como a de porco*"[150]. Mais tarde, o padre José de Anchieta identificará esse animal aquático com um mamífero pois a fêmea tem ma-

mas nos peitos, onde os filhotes sugam ao nascer (*"habet ad pectus, sub quibus et ubera ad quae proprios foetus nutrit"*).

Como sobreviver no mar, por longos períodos de navegação a vela, tributária da boa vontade dos ventos, sem água doce? A carta do rei D. Manuel aos Reis Católicos, "*dando-lhes conta de todo o sucedido na viagem de Pedro Álvares Cabral*" faz referência à utilidade das águas da Terra de Santa Cruz para quem viaja em direção às Índias: "*a qual parece que nosso Senhor quis que milagrosamente ali se achasse, porque é muito conveniente e necessária para a navegação da Índia, porque ali reparou seus navios e abasteceu-se de água*"[151]. Para a ventura e a aventura das navegações, a água doce era essencial e o Brasil, um milagre do Senhor.

Na correspondência religiosa do século XVI, o tema das águas surge como uma bênção celeste ao Brasil, mesmo se causam algum sofrimento. Em sua "Informação das Terras do Brasil", o padre Manuel da Nóbrega relata em 1549: "*Porém é terra mui úmida, pelas muitas águas que chovem em todo o tempo e mui a miúdo, pelo qual as árvores e as ervas estão sempre verdes, e por esta causa e a terra mui fresca*".

Diz o padre jesuíta Rui Pereira, a 15 de setembro de 1560, escrevendo aos padres e irmãos da Companhia da Província de Portugal, das terras baianas, chega a considerar a qualidade das águas brasileiras superior à dos vinhos de Portugal: "*E por amor de Cristo lhes peço que percam a má opinião que até aqui do Brasil tinham, porque, lhes falo verdade, se houvesse paraíso na terra, eu diria que agora o havia no Brasil. (...) saúde não há mais no mundo; ares frescos, terra alegre, não se viu outra; os movimentos eu os tenho por melhores, ao menos para mim, que os de lá e de verdade que nenhuma lembrança tenho deles para os desejar. Se tem em Portugal, cá há muitas e mui baratas – se tem carneiros, cá há tantos animais que caçam nos matos, e de tão boa carne, que me rio muito de Portugal em essa parte. Se tem vinho, há tantas águas que a olhos vistos me acho melhor com elas que com os vinhos de lá...*"

151. Carta de D. Manuel aos Reis Católicos. in Jaime Cortesão. *A expedição de Pedro Álvares Cabral e o descobrimento do Brasil*. Imprensa Nacional - Casa da Moeda. Lisboa. 1994.

152. O padre jesuíta Fernão Cardim nasceu em 1548 no arcebispado de Évora, em Portugal. Ingressou na Companhia de Jesus em 1556 e formou-se em Humanidades no Colégio de Évora. Veio para o Brasil em 1583, como secretário do padre visitador Cristóvão de Gouveia. Visitou todas as capitanias. Foi provincial dos jesuítas do Brasil entre 1604 e 1609. Faleceu em uma aldeia, hoje denominada Abrantes, na região de Camaçari (Bahia), em 1625, em plena invasão holandesa.

153. Fernão Cardim. *Tratados da Terra e Gente do Brasil*. Itatiaia, Belo Horizonte, 1980.

154. Doutrina ética e política de Confúcio (Kung Fu-tze), filósofo chinês (551-479 a.C.), e de seus seguidores, a qual por mais de dois mil anos constituiu o sistema filosófico dominante da China. Caracteriza-se por situar o homem e a experiência social e política da humanidade no centro da investigação, daí resultando a definição das relações humanas individuais em função

Já o padre Balthasar Fernandes do Brasil, da Capitania de São Vicente, em carta datada de 22 de abril de 1568, enfatizava: "*Nestas partes do Brasil podemos dizer com verdade que ajudamos a levar a cruz do Cristo como Cireneu, porque os trabalhadores desta terra são desenxabidos, mas por outra parte dá Deus todo junto. Andamos ordinariamente descalços, passando águas, que há muitas nesta terra...*"

Para o jesuíta Fernão Cardim[152] em 1583: "*A terra é algum tanto melancólica, regada de muitas águas (...) É coisa de grande alegria ver os muitos rios caudalosos e frescos bosques de altíssimos arvoredos, que todo o ano estão verdes e cheios de formosíssimos pássaros, que em sua música não dão muita vantagem aos canários, rouxinóis e pintassilgos de Portugal, antes lh'a levam na variedade e formosura de suas penas*"[153].

Maravilhados com a natureza e com os índios, os jesuítas realizaram um trabalho de inculturação, cujo alcance histórico começa a ser vislumbrado. Sua perspectiva era planetária. O padre jesuíta Matteo Ricci aprendeu o chinês e identificou-se profundamente com a China, em particular com o confucionismo[154]. Para o padre Ricci era possível ser católico e discípulo de Confúcio[155]. O jesuíta Roberto de Nobili, no sul da Índia, conformou-se profundamente com a língua sânscrita e com o universo mental dos brâmanes[156]. O mesmo pode ser observado com o jesuíta Antonio de Andrade junto ao budismo tibetano e nas primeiras relações dos portugueses com o Tibete (1624-1635) através dos padres jesuítas Pero de Mesquita e Manuel Henriques em Malaca (1651-1655). O jesuíta Jerônimo Xavier compenetrou-se da cultura da Pérsia predominante no norte da Índia, chegando em sua audácia espiritual e antropológica a repensar o cristianismo nas categorias de um islamismo[157] livre da observância da lei muçulmana da *sharia*. O irmão jesuíta Bento de Góis, herói nacional português e quase um santo para a Companhia de Jesus, falava persa e criou um estilo "iraniano-muçulmano" de cristianismo, presente em suas pregações ao longo da Rota da Seda, entre o atual Paquistão, Afeganistão, Tadjikistão, Mongólia e oeste da China (1603-1607). Em 1543, pelas águas, os portugueses foram os primeiros europeus a chegar no Japão. Em 1549, o missionário e santo jesuíta São Francisco Xavier[158], apóstolo das Índias, instalou a primeira missão. O padre jesuíta português Luís Fróis[159] residiu mais de trinta anos no arquipélago nipônico e fez em 1585 um exercício literário de grande modernidade[160] comparando a vida cotidiana dos europeus e dos japoneses[161]. Não foi diferente no Brasil[162].

Os padres Manuel da Nóbrega[163] e José de Anchieta[164] eram da mesma estirpe. Pertenciam à mesma Companhia e viviam o mesmo carisma. Em muitas iniciativas de inculturação foram inclusive pioneiros entre os jesuítas. A pedido de D. João III, o padre Nóbrega integrou a armada de Tomé de Souza, o primeiro Governador Geral do Brasil (1549/1553), chefiando um grupo de cinco missionários. Fundaram então a "Província do Brasil" da Companhia de Jesus, na Cidade de Salvador, na Bahia. Ela passou a ser a sede e cabeça da Ordem Inaciana na América Portuguesa[165].

Nóbrega chegou ao Brasil em 1549 e logo engajou-se na defesa dos índios. Isso originou graves desavenças com habitantes e autoridades do Brasil. Ele solicitou ao Rei a criação de um Bispado no Brasil, para ganhar autoridade em sua luta. Defendeu a liberdade dos índios: favoreceu os aldeamentos em estreita colaboração com o Governador; cultivou a música na evangelização; buscou as mais variadas formas para *inculturar* o cristianismo junto aos indígenas; interessou-se pela descrição e compreensão do meio ambiente tropical; promoveu o ensino primário; fundou pessoalmente os colégios de Salvador, Pernambuco, São Paulo e da futura cidade do Rio de Janeiro; ajudou a expulsar os franceses da Guanabara e contribuiu para a unificação política do Brasil. Em pleno século XVI, o padre Manuel da Nóbrega defendeu homens que não eram brancos, nem europeus, nem cristãos[166].

das instituições sociais, principalmente da família e do Estado.

155. A ponto de levar os chineses a imaginar inicialmente que o cristianismo era uma seita budista. O mesmo ocorreu com os tibetanos quando da chegada do padre António de Andrade a Tsaparang. Ao ver o descrédito do budismo e sua decadência no império Ming, promotor da ortodoxia neoconfuciana, ele decidiu vestir-se de mandarim, hábito que manteve pelo resto de sua vida.

156. Entre os hindus, membro da mais alta das quatro castas e que, tradicionalmente, era votado ao sacerdócio, e se ocupava do estudo e do ensino dos Vedas.

157. Religião fundada por Maomé (c. 570-632) ou a doutrina e os ensinamentos dessa religião.

158. Foi ele quem iniciou as missões jesuíticas na Ásia. Embarcou em Lisboa em abril de 1541, chegou a Goa em maio de 1542, pregou no

Japão e faleceu na China, na baía de Cantão, em dezembro de 1552.

159. Num período de intenso fervor missionário, o noviço Luís Fróis viu chegar a Goa, no dia 16 de março de 1554, o corpo incorruptível de São Francisco Xavier.

160. *Traité de Luís Fróis, s.j. (1585) sur les contradictions de moeurs entre Européens et Japonais.* Chandeigne, Paris, 1993.

161. Os jesuítas, como o médico e missionário Luís de Almeida, fundaram a primeira creche do Japão em 1556, o primeiro hospital na cidade de Funaï em 1557 e introduziram a imprensa. Deram expressivas contribuições, absorvidas pelos japoneses, em medicina, astronomia, cartografia, navegação e construção naval.

162. Evaristo Eduardo de Miranda. *O descobrimento da biodiversidade.* Loyola. São Paulo. 2003.

163. Missionário jesuíta, nasceu em Portugal

Quando veio ao Brasil, enfermo, Anchieta tinha 19 anos[167]. Chegou na comitiva de D. Duarte da Costa, segundo Governador Geral do Brasil[168]. No ano de 1554, junto com o padre Manuel da Nóbrega, Anchieta fundou o terceiro colégio jesuíta do Brasil, em Piratininga[169], nas proximidades da confluência dos rios Tietê e Tamanduateí (e fora de suas áreas de inundação)[170]. No dia 25 de janeiro foi celebrada a primeira missa no colégio, que dará origem ao núcleo urbano da atual cidade de São Paulo. Anchieta construiu também um seminário de orientação perto do colégio e deu aulas de castelhano, português, latim, doutrina cristã e a língua brasílica.

Aprendeu o idioma tupi com muita facilidade. Escreveu livros em tupi e uma gramática, a primeira da língua tupi[171]. Serviu de intérprete e terminou como refém dos índios tamoios, aliados dos franceses e em guerra contra os portugueses. Nessa época, Anchieta escreveu nas areias da praia, e memorizou, um extenso poema dedicado à Virgem Maria, em 1567. Para os índios, Anchieta era médico e sacerdote, cuidava tanto das pessoas doentes ou feridas, como de sua espiritualidade. Anchieta recebeu um excelente preparo na Universidade de Coimbra e um conhecimento elevado do saber e da cultura da Europa de seu tempo. Em sua catequese utilizava o teatro e a poesia, e é considerado, por seu trabalho de inculturação do cristianismo, catequético e humanista, o Apóstolo do Brasil. Foi o autor dos primeiros relatos circunstanciados sobre as águas, a flora e a fauna do Brasil[172].

Na perspectiva da inculturação do cristianismo, o padre Anchieta fundava escolas mas considerava-se, com humildade, na escola dos índios em termos de conhecimento da natureza. Para os jesuítas, não havia necessidade de os portugueses inventarem nomes para todos os animais, plantas, lagos e rios do Brasil. Eles já estavam nomeados pelos índios. O esforço dos jesuítas será de trazer para o português esse tesouro lingüístico, compatibilizando-o com as noções científicas daquele tempo, essencialmente de natureza aristotélica.

Para os povoadores europeus, absorver esses nomes locais não era um caminho natural. Era uma via cheia de perigos e armadilhas. Eles iam encontrar vários obstáculos de compreensão e tradução das águas brasílicas e podiam afogar-se entre igarapés, igapós, paranás, ipueras e tantas designações hídricas do tupi. Em sua viagem de um dialeto tupi até o português, o nome de um rio podia perder-se nos grotões da vocalização, assumir uma inflexão imprevista ao passar um desfiladeiro e aparecer do outro lado do vale, tendo perdido parte de suas entonações e correntezas, diminuído em sua vazão e virado um lago ou um córrego murmurante. Alguns corpos d'água ficaram irreconhecíveis na fala dos povoadores europeus. Para os jesuítas nenhuma palavra indígena deveria perder-se em seu caminho rumo ao português. Eles fizeram do português uma imensa arca de Noé, onde a grande maioria dos nomes indígenas dos rios, lagos, riachos e arroios, córregos e regatos foram salvos no dilúvio da aculturação. E mais, as águas das palavras tupi batizaram, deram um banho na língua portuguesa.

Para construir essa arca, a língua geral, os jesuítas estabeleceram, cortaram e pregaram regras como árvores, sugeriram e esculpiram caminhos de transformações fonéticas como tábuas e encaixaram todas essas mudanças gramaticais como hábeis carpinteiros, seguindo normas seguras e replicáveis para que, com poucas alterações, o termo indígena fosse incorporado ao português. Sem sustos, nem tempestades, secas ou inundações. Numa carinhosa aproximação inter-étnica e humana, pela via da natureza. Como uma canoa navegando um paranã de águas rápidas na Amazônia. Como na saga de Noé, a maioria dos nomes indígenas de animais, vegetais e de acidentes geográficos e hidrográficos puderam encontrar seu lugar no português do Brasil e ser acomodados, com toda a sua sacralidade, nessa imensa e generosa arca lingüística, segura e bem calafetada.

---

(18/10/1517), estudou humanidades no Porto e continuou sua formação em Salamanca (Espanha) como bolsista régio e posteriormente na Universidade de Coimbra, onde obteve o grau de bacharel em Direito Canônico e Filosofia em 1541. Três anos mais tarde foi ordenado padre na recém-fundada Companhia de Jesus. Escreveu as obras "*Informações das Terras do Brasil*", "*Cartas da Bahia de Pernambuco*", publicadas em Veneza entre 1559 e 1570, além de "*Apontamentos*" e um famoso "*Diálogo sobre a Conversão do gentio*". Faleceu no Rio de Janeiro no dia em que completava 53 anos.

164. Jesuíta, primeiro grande naturalista brasileiro, nasceu em 1534 nas Ilhas Canárias, no dia de São José. De pai basco, estudou na Universidade de Coimbra. Ingressou na Companhia de Jesus em 1551. Viajou para o Brasil em 1553, com 19 anos. Foi nomeado provincial dos jesuítas em 1578 e viveu o resto da vida no Brasil.

165. Perto da Câmara Municipal, os padres da Companhia fundaram uma igreja de taipa coberta de palha que dedicaram a Nossa Senhora da Ajuda, construindo-a com as próprias mãos, "porque então, todos trabalhavam e até o Governador Tomé de Sousa levava aos ombros caibros e madeiras para as casas e muros da cidade".

166. Pe. Manuel da Nóbrega s.j. *Informação das Terras do Brasil [1549]. Cartas jesuíticas.* Itatiaia, Belo Horizonte, 1988.

167. Sofria de tuberculose óssea. As águas e os ares do Brasil, com a graça de Deus, o curaram por completo.

168. O padre Anchieta nasceu na Ilha de Tenerife, nas Canárias, em 1534, e morreu em 1597 na aldeia de Reritiba no Espírito Santo. Hoje a cidade leva seu nome. Seu pai era basco, de um vilarejo próximo ao de Inácio de Loyola. Sua mãe de linhagem nobre. Fez seus estudos de teologia e filosofia em Coimbra.

169. Do tupi pi'ra "peixe" e (mo)tiningans gerúndio "secar",

Os nomes indígenas da natureza, pela primeira vez, saíram do tempo Neolítico e foram acolhidos nos campos da escrita. Essa arca de palavras navegou em paranás, paranãs, piratiningas e paranás-mirins. Logo passou a singrar as águas do Paraná, do Paranapanema, do Tietê, do Paraíba, do Parnaíba, do Paraguai, do Iguaçu, do Mucajaí, do Xingu, do Tamanduateí, do Atibaia, do Piracicaba, do Camanducaia, do Mogi, do Tatuí, do Iriri, do Juruena, do Jaguari, do Tocantins e de tantos outros rios e águas brasileiras.

Alguém poderia imaginar que, naturalmente, os portugueses e seus descendentes mestiçados, em geral filhos de índias, absorveriam os termos tupis para designar todos os animais da terra. Não foi tão simples. O tupi não era uma língua escrita. Traduzir seus sons para o português ou para o latim, era uma dificuldade. As regras gramaticais do tupi são completamente diferentes do português. Nem era esta a única língua do Brasil.

Na realidade, havia muitas línguas e dialetos indígenas vinculados aos dois grandes troncos — Tupi e Macro-Jê. Ainda hoje considera-se a existência de 19 famílias lingüísticas indígenas não passíveis de serem agrupadas em troncos[173]. Esse ecumenismo lingüístico, praticado e incentivado pelos jesuítas, vai ter sua grande expressão na formação do *nheengatu*[174], a "língua geral", consolidada como a verdadeira língua do Brasil durante séculos e ainda falada na Amazônia.

O início do povoamento territorial do Brasil foi realizado, predominantemente, por homens desacompanhados de mulheres, buscando esposas no Brasil. Eles entraram em contato com um povo indígena numeroso e socialmente aberto ao estabelecimento de alianças matrimoniais com os forasteiros. Esse fenômeno de miscigenação, tipicamente lusitano, é único se comparado às políticas e práticas de colonização e povoamento de outras potências européias como os franceses, espanhóis, ingleses, holandeses etc. Os jesuítas e a Igreja em geral incentivaram esses matrimônios.

A população do Brasil foi progressivamente formada, em grande parte, por mamelucos, frutos das águas uterinas, filhos de portugueses com índias tupi e de outros grupos. No final do século XVI, essa miscigenação genética, lingüística e intercultural já era dominante na população brasileira. Ela vai fascinar os norte-europeus recém-chegados ao Brasil. Vai ser tema de muitos artistas, como os belos mestiços e mamelucos retratados pelo pintor flamengo Albert Eckhout, em 1644. Estudos recentes de genealogia genética confirmam a importância dessa linhagem indígena materna, via ADN mitocondrial, no sangue da maioria dos brasileiros.

A expressão *língua geral*, tanto em São Paulo, como no Maranhão e no Pará, passou a designar as línguas de origem indígena, transformadas e faladas nas respectivas províncias, por toda a população originada do cruzamento de europeus e índios tupi (tupis em São Paulo e tupinambás no Maranhão e no Pará), à qual foi-se agregando um contingente de origem africana. Em tupi, o substantivo água é diminuto, apesar de sua abundância na terra brasilis. Água resume-se a uma letra: i (ig). A expressão água verdadeira, água de fato, é ieté. Água doce é icem. Água boa é icatu. Água benta ou água santa é icaraí, palavra muito pronunciada por ibarés[175] jesuítas. Hoje designa bairros e localidades, sobretudo no Estado do Rio de Janeiro. E icanga ou iacanga designa a nascente, a cabeceira ou o início de um rio. O termo entra na composição de muitos topônimos brasileiros. O limo dos rios é chamado carinhosamente de cabelo d'água: igaba[176].

Igara designa a canoa e dela derivam muitos nomes, de muitas cidades e logradouros, como Igaraçu, bela e antiga vila pernambucana, sinônimo de canoa grande. Ou ainda, Igarapava: ancoradouro de canoas, bem como Igaratá, canoa forte ou resistente (palavra aplicada aos navios), igararí, rio das canoas, e outras tantas. Iguá é outro tesouro da língua indígena. Evoca a bacia fluvial, a enseada (*i*, água, *guá*, enseada, bacia, rio amplo), como em Iguatinga, baía branca e iguaba, bebedouro da baía. No-

donde "peixe secando, o seca peixe". Segundo a explicação de Anchieta: por efeito de trasbordamentos, o rio deita fora peixes e os deixa em seco, expostos ao sol; há autores que dão outras explicações: leito desigual e sinuoso.

170. Quem vinha de barco pelo rio Tietê entrava no Tamanduateí, até o atual Parque D. Pedro e chegava a um pequeno porto, próximo do final da ladeira Porto Geral, aos pés da colina onde se situa o Pátio do Colégio.

171. Dentre suas muitas obras destaca-se: "Poema em Louvor a Virgem Maria", "Arte da Gramática da Língua mais Conhecida na Costa do Brasil", e outras como "História do Brasil".

172. Pe. José de Anchieta s.j. *Cartas. Informações, fragmentos históricos e sermões*. Itatiaia, Belo Horizonte, 1988.

173. Ayron Dall'Igna Rodrigues, *Línguas brasileiras – para o conhecimento das línguas indígenas*. Loyola, São Paulo, 1986.

> 174. Língua de intermediação e comunicação, desenvolvida a partir do tupinambá, falada no vale amazônico brasileiro, no litoral e interior até a fronteira. O termo tem sua origem em ie'engatú = língua boa.
>
> 175. Padres, textualmente: homens diferentes.
>
> 176. O cântaro e a urna funerária têm o mesmo nome: igaçaba. E a ponte, a passagem sobre o rio, é a igaçapaba.

meia municípios e cidades como Iguape (textualmente, na enseada) e Iguaçu (rio grande).

Itu, salto, cachoeira ou cascata, é o nome do município onde encontra-se o salto do Tietê. Falar de Salto de Itu é mesmo tautológico. Itutinga é o salto branco, a branca cachoeira, enquanto ituzaingó, localidade do Rio Grande do Sul, designa o salto a pique, vertical, como a cachoeira do Caracol, em Gramado. Itupeva, cachoeira baixa ou de pouca altura, é também nome de município. Ituporanga evoca o salto rumoroso e estrondejante. Itumirim e Ituassu são opostos. Itupiranga é a cachoeira vermelha; Itupu, o salto estrondoso e Ituverava, a cachoeira brilhante.

Graças ao tupi, as águas passaram a viver no meio dos urbanos, evocando um paraíso de rios e regatos perdidos, hoje canalizados, poluídos, mortos e sub-enterrados. Iguatemi pode ser para muitos sinônimo de compras, consumo ou nome de rua, mas significa "rio verde escuro". Guareí é nome de rua paulistana, de cidade, contudo evoca "rio das antas". Bem raras nesse município e raríssimas nessa rua do bairro da Moóca. Ivaí, nome de ruas e cidades, traduz o rio das frutas. Já Itajuí, é o rio do ouro (itayuba-î). Itaim significa pedregulho, aquele rolado pelo rio. O seixo. Além do bairro, dos pequenos seixos, do Itaim-mirim e do balanço do Itaim-bibi. Itaipu, além da imensa hidroelétrica, designa de forma circunstanciada, a fonte da pedra, a água saindo entre as pedras, além de várias localidades. A palavra imbu evoca o que dá de beber e também uma árvore (*Spondias tuberosa*) cujas raízes matam a sede dos viajantes no Nordeste. O imbuguassu, o grande imbu, é uma localidade vizinha de São Paulo. Ipojuca, o brejo, o alagadiço, é nome de bairro na capital paulista e de várias localidades, Brasil afora. Itapecerica, evoca a pedra molhada e escorregadia, característica da umidade da Mata Atlântica. Barueri ou bariri, além de nome de cidade, evoca o local encachoeirado, a corredeira.

Os nomes indígenas qualificam perfeitamente os rios brasileiros. Ipanema significa água ruim, rio sem peixes, além de evocar a praia famosa da garota e da música. Está presente misteriosamente em Paranapanema, rio de água ruim, sem peixes, apesar de suas boas águas piscosas. Iperuíbe ou Peruíbe evoca o rio do tubarão (*iperu*, tubarão, *ig*, água). Iporanga é nome de município e significa rio bonito. E é mesmo. Ipiúna, água preta, rio preto; ipiranga, rio vermelho; juqueri, rio salgado, salobro; paranapuitã, rio pardo; paraopeba, rio de água rasa; catuí, rio de água boa; ijuí, rio das espumas; itinga, rio branco e, ironicamente, a localidade de Utinga, no ABC paulista, de tão poluídas águas.

Quem foi beber água no Itororó e não achou, como na cantiga infantil, deve consolar-se com a bela morena pois a urbanização paulistana soterrou o riacho Itororó. Seu nome evocava o rio rumoroso, o jorro barulhento de água, como em chororó. Itaca tem o mesmo significado: rio marulhoso, ruidoso. Ipitá é o rio perene, aquele que nunca seca. Irecê, nome de município e de muita *muié dama* na Bahia, significa à tona, à mercê da corrente. O Itamaraty evoca um dos mais prestigiosos ministérios do país, o das Relações Exteriores, mas seu significado é água entre pedras claras. A expressão inspirou o belíssimo, claro e flutuante palácio ministerial em Brasília.

O sufixo í ou y, no final de substantivos, designa normalmente o rio de alguma coisa: animais, plantas, homens... Essas palavras seguem nomeando rios e aguadas. Também preservam a memória hídrica, de rios e riachos desaparecidos nos nomes de bairros, cidades, municípios e até Estados do Brasil. Na imensa rede hidrográfica brasileira, os nomes indígenas prevalecem. Basta segui-los alfabeticamente, esquecendo muitos, mas citando os mais conhecidas como em Acaraí, rio dos acarás; Andaraí, rio dos morcegos; Anhembi, rio dos nambus; Apiaí, rio dos meninos; Araguari, rio das araras; Araçari, rio dos tucanos; Arapeí, rio das baratas; Avaí, rio do homem; Capivari, rio das capivaras, Carandaí, rio das palmeiras; Chuí, rio dos chuís, dos pintassilgos; Corumbataí, rio dos corumbatás ou corimbatás; Gravataí, rio dos gravatás; Guaçuí, rio dos veados; Guajaí, rio dos caranguejos; Guapeí, rio dos aguapés; Guaraí, rio das garças; Guarassuí, rio das garças grandes; Guaraí, rio dos macacos; Guareí, rio das antas; Ibatubi, rio do pomar; Inhambuí, rio das perdizes, das inhambus; Iji, rio das rãs; Iraí, rio do mel; Ivaí, rio das frutas; Jacareí, rio dos jacarés; Jacuí, rio dos jacus; Jaguari, rio dos jaguares; Jaguariúna, rio dos jaguares negros; Jiquitaí, rio das formigas; Jundiaí, o rio dos jundiás ou bagres; Mucuri, rio dos gambás; Pacuí, rio dos pacus; Paratií, rio das tainhas; Piauí, rio dos piaus; Piraí, rio do peixe; Pirajuí, rio do peixe dourado; Pium-í, rio dos piuns; Quiri, rio da chuva; Saboí, rio do sapo; Sapucaí, rio das sapucaias; Sararaí, rio das mariposas; Sassuí, rio dos beija-flores; Sururuí, rio dos sururus; Siriri, rio dos siris; Tabaji, rio da taba; Tamanduateí, rio dos tamanduás (ou que faz muitas voltas); Tapiraí, rio das antas; Tatuí, rio dos tatus; Trairi, rio das traíras; Tucuruí ou tucuruvi, rio dos gafanhotos (verdes); Ybicuí, rio das areias e Urussuí, rio das abelhas[177].

Desde o princípio do povoamento do Brasil esteve presente a visão cristã da sacralidade das águas e dos homens. A música da língua portuguesa ganhou diversas orquestrações em Angola, no Cabo Verde, no Timor, em Macau... e especialmente no Brasil. Aqui, no mar da língua portuguesa, águas de origem árabe, latina, africana e indígena fluíram como correntezas. Poucas línguas possuem a riqueza hídrica do português. As palavras encontraram-se, estranharam-se, entranharam-se e acumularam-se numa imensa diversidade de expressões aquáticas: lagos, impueiras, olhos-d'água, sacados, marumbis, pueras, tipiscas, caudais, correntes, flumes, grunados, torrentes, uádis, valões, córregos, dalas, estreitos, cabeceiras, chafarizes, lagoas, lagões, lagunas, ipueras, mães-

[177]. Francisco da Silveira Bueno. *Vocabulário tupi-guarani português*. Brasilivros. São Paulo. 1986.

d'água, manadeiras, arroios, inongabas, pauis, ribeiros, sangas, angusturas, olheiros, igarapés, apertados, bocas, fontes, bocainas, pântanos, açudes, barreiros, mares, poças, cacimbas, lodaçais, iaquãs, boqueirões, bósforos, regos, brechas, piracemas, represas, canhões, escaturigens, lacrimais, colatas, igapós, colos, sumidouros, nascentes, forcas, gargantas, orretas, passos, acéquias, bicas, brotas, mananciais, minas, minadores, minadouros, nasceiros, olhos, remansos, repuxos, têmporas, barragens, portas, ipueiras, portelas, quebradas, canais, paludes, marnéis, talvegues, levadas, regatos, manadeiros, corixos, riachos, ribeiras, trombas, ribeiradas, brejos, ribeirões, veias, veios, lagamares e xabocos.

Na magistral obra "Os Lusíadas", Luís de Camões não empregou quase nada dessa riqueza hídrica e etimológica do português do Brasil. Mesmo assim, não lhe faltaram palavras para elevar aos patamares do universo mítico os feitos lusitanos, cingindo-se das regras aristotélicas, tomando por modelo Virgílio e Homero e comparando Vasco da Gama a Ulisses e Enéias. Nos paradoxos e nos sonhos visionários desse relato é como se os portugueses se dispersassem pelo mar, deslocando-se para o Oriente, para poder descobrir e unir os povos[178], dobrando pelas águas cabos e promontórios, antes vistos como muros intransponíveis[179]. Sempre atentos e disponíveis aos encontros das águas. Muitas vezes encontros derradeiros, fazendo do mar, das lágrimas e dos naufrágios, suas exéquias e líquidas sepulturas.

A relação de Portugal com o mar e com as águas foi talvez uma das maiores de toda a Europa, comparável à dos gregos de dois mil anos atrás. O Brasil emergiu das águas, como um batizando, como um Jonas, como um tesouro, pelas mãos de um povo de marinheiros. O povo brasileiro é, em primeiro lugar, herdeiro dos portugueses, da língua portuguesa e de tudo o que esta acumulou de geração em geração. Para os portugueses, o mar não era sinal de separação, de barreira, de isolamento. Para eles, o

178. Luís de Camões. *Os Lusíadas*. Imprensa Nacional. Lisboa. 1999.

179. "Eu sou aquele oculto e grande cabo/ A quem chamais vós outros Tormentório,/ Que nunca a Ptolomeu, Pompônio, Estrabo/ Plínio, e quantos passaram, fui notório:/ Aqui toda a africana costa acabo/ Neste meu nunca visto promontório,/ Que pera o pólo antártico se estende,/ A quem vossa ousadia tanto ofende". Canto V, verso L. "*Os Lusíadas*". Ibidem.

mar e suas águas eram traço de união, estrada infinita. Era o "Mar Português" de Fernando Pessoa:

*"Ó mar salgado, quanto do teu sal*
*São lágrimas de Portugal!*
*Por te cruzarmos, quantas mães choraram,*
*Quantos filhos em vão rezaram!*
*Quantas noivas ficaram por casar*
*Para que fosses nosso, ó mar!*

Valeu a pena? Tudo vale a pena
Se a alma não é pequena.
Quem quer passar além do Bojador
Tem que passar além da dor.
Deus ao mar o perigo e o abismo deu,
Mas nele é que espelhou o Céu".

Os padres — além de promoverem esses casamentos e zelarem por seu êxito — também adotavam e defendiam o uso de vários costumes indígenas. Os jesuítas foram criticados por dormirem em redes, como os índios. O padre Rui Pereira, escrevendo da Bahia aos padres e irmãos da Companhia da província de Portugal, a 15 de setembro de 1560, contestava:*"Dir-me-ão que vida pode ter um homem, dormindo em uma rede, pendurado no ar como rédea de uvas? Digo que é isto cá tão grande coisa que, tendo eu cama de colchões, e aconselhando-me o médico que dormisse na rede, e a achei tal que nunca mais pude ver cama, nem descansar noite que nela não dormisse, em comparação do descanso que nas redes acho. Outros terão outros pareceres; mas a experiência me constrange a ser dessa opinião"*[180].

180. Pe. Azpilcueta Navarro s.j. et alii. *Cartas Avulsas* (1550-1568) in Cartas Jesuíticas 2. Itatiaia, Belo Horizonte, 1988.

A inculturação e a interculturalidade serão os grandes temas, os panos de fundo, da catequese jesuítica para brancos e índios[181]. Para o judaísmo e para o cristianismo as águas eram fontes da vida espiritual. Não teria sido fácil para os primeiros europeus realizarem o registro das fontes, dos rios, das baías e das lagoas sem a inculturação do cristianismo, sem o trabalho catequético da Igreja, sem o encontro pleno de sacralidade das águas tupis e luso-brasileiras na natureza e no coração dos homens.

[181]. A vida dos jesuítas no Brasil influenciou a vinda de seus familiares próximos no povoamento do país. O compositor Chico Buarque de Holanda, filho do historiador Sérgio Buarque de Holanda, por exemplo, tem entre seus ancestrais o padre jesuíta João Rodrigues Girão, um missionário do início do século XVII. Vivia no Japão em 1604, em 1618 estava em Macau, e no Extremo-Oriente em 1627. Foi autor de diversos textos que chegaram até nós, nos quais descreve "os costumes e a missionação da China, Conchichina e Japão".

# Águas brasileiras: um território do sagrado

O século XVI era, para indígenas e portugueses, um tempo em que deuses e espíritos, anjos e demônios, pululavam por toda a parte e ocupavam-se dos mais diversos misteres e afazeres, sempre atarefados, um pouco como nos evangelhos apócrifos. A natureza era o território do sagrado, tanto para índios como para portugueses. No século XVI, a natureza brasileira não era apenas objeto de interesses econômicos. A laicidade e o racionalismo científico podem ser uma cegueira para entender-se o povoamento e a exploração das terras e águas brasileiras.

Na tradição católica, o divino manifestava-se eventualmente nos céus, em epifanias. Para converter índios e ibéricos, os desígnios celestes pareciam preferir o sólido e o líquido, a terra, a natureza, as plantas, as grutas, as rochas e sobretudo as águas, as fontes de água, os rios e o mar, numa seqüência ininterrupta de hidrofanias. A própria chegada dos europeus, em suas "torres flutuantes" sobre as águas, já era uma espécie de hidrofania maravilhosa e extraordinária para esses tupis canoeiros.

Havia enormes simetrias entre as visões animistas dos indígenas e as tradições bíblicas do catolicismo ibérico no tocante à natureza e às relações culturais e simbólicas dos homens com os recursos naturais. Como nas palavras de Pero de Magalhães Gândavo[182]: *"Outros muitos bichos há nestas partes pela terra dentro que será impossível poderem se conhecer nem escrever tanta multidão, porque assim como a terra é grandíssima, assim são muitas as qualidades e feições das criaturas que Deus nela criou"*[183].

No relato bíblico da criação (Gn 1), Deus cria os céus, a terra, a luz... mas não cria as águas. Para alguns, elas já existiam. Precederam a criação. O Espírito de Deus planava sobre a superfície das águas. De onde surgiram essas águas onde Deus espelhava os céus e a si mesmo? A criação das águas não é mencionada de forma explícita. Elas são como pressupostas na criação. A vida vegetal no jardim do Eden[184], no relato da criação, dependia de um rio que se dividia em quatro braços para levar sua fecundidade a outras regiões (Gn 2,10).

Uma vez criado o mundo, Deus mobiliza e usa as águas para fazer barro com o pó da terra e modelar o humano (Gn 2,5-10). Nobre propósito. Daí em diante, as águas seguirão sendo convocadas pelo divino e pelo humano ao longo de todo o texto bíblico. Das 664 citações ou empregos da palavra água na Bíblia, 591 ocorrem nas úmidas páginas do Primeiro Testamento[185]. No Novo ou Segundo Testamento são apenas 73 citações. Como nas águas do texto do Primeiro Testamento existem episódios fortes, belos, poéticos, trágicos, cômicos, sinistros, românticos, miraculosos... enfim, de todo o tipo.

Nessas quase 600 citações do Primeiro Testamento estão, entre muitos episódios, o das águas brotando no deserto para salvar a escrava e concubina de Abrão, Agar e seu filho; as águas infinitas do dilúvio (*mabul*)[186]; as do orvalho, das chuvas e tempestades bíblicas; as águas dos rios (Mesopotâmicos, *Yaboc*, Jordão...) atravessadas por homens caminhantes e passantes (*ivrim*)[187]; as águas das emersões (do bebê Moisés numa cestinha sobre o Nilo[188]); das imersões (do profeta Jonas lançado ao mar e engolido por um grande peixe); as das transmutações (água

182. Originário de Braga, onde nasceu em 1540, Pero de Magalhães de Gândavo foi professor de latim, humanista e escreveu o primeiro manual ortográfico da língua portuguesa. Moço de câmara de D. Sebastião, cronista, servidor dedicado, trabalhou na transcrição de documentos na Torre do Tombo, em Lisboa. Nomeado provedor da Fazenda na Bahia, permaneceu no Brasil de 1565 a 1570, provavelmente visitando outras regiões do país. Foi contemporâneo do padre José de Anchieta.

183. Pero de Magalhães. *Tratado da Terra do Brasil; História da Província Santa Cruz*. Itatiaia, Belo Horizonte, 1980.

184. Em hebraico a expressão Gan Eden evoca o jardim do prazer, das delícias.

185. A expressão Primeiro Testamento designa o que impropriamente chama-se de Antigo Testamento. O Segundo Testamento designará o Novo Testamento. Os dois Testamentos não são velhos, nem novos. São dois Testamentos do judaísmo e do cristianismo.

186. A palavra hebraica para dilúvio, *mabul* evoca em sua raiz a confusão, as coisas embaralhadas e atrapalhadas (*mabulbal*). O dilúvio foi como uma circuncisão cósmica, para levar a termo (realizar, completar) toda a carne (Gn 6,13).

187. As palavras hebreu (*Ivri*) e Abrão (*Avram*) têm a mesma raiz, a do verbo hebraico marchar, passar, passar caminhando, "avra". Os hebreus, os ivrim, são um povo em marcha. São os caminhantes. No passado (*Avar*), passaram do Egito para Canaã. Abrão também passou, atravessou, os rios da Mesopotâmia rumo a Canaã. O chamado divino vai contra qualquer inação: em marcha! Das terras da servidão para a vida e a liberdade.

188. Esse mito teria sido composto para prefigurar a salvação simbólica que ele mais tarde trará a Israel, na passagem das águas.

189. O Mar Vermelho ou Mar dos Juncos é textualmente em hebraico o Mar do Limite (*Yam Sof*). Ali culmina a experiência

transmutada em sangue, em amargura, no Egito da violência e escravidão); as águas partidas e separadas como muralhas na travessia do Mar dos Limites (*Yam Sof*)[189], o Mar Vermelho; as das nascentes, cisternas e poços (Berot, Ber Sheba, Jacó...), fontes de alegrias, de namoros, de guerras e disputas; as águas em gotas, copos, jarras, vasos e bebedouros; as águas das abluções cultuais e rituais (lavando pés, corpos, mãos, entranhas de animais, vestimentas etc.); as águas das secas decretadas pelo profeta Elias para provocar a reflexão e a conversão do povo e tantas outras. E as águas terrestres são também as águas corporais. Depois da tragédia do jardim do Éden, o humano deverá ganhar o pão com as águas do suor de sua fronte, uma forma de santificação. A mais santa das águas será sempre fruto de dons pessoais e entregas corporais. Santificação possível e presente em todas as secreções líquidas e humanas: saliva, esperma, sangue menstrual, lágrimas, urina e suor. A sede de Deus pode ser acalmada na busca da sabedoria, mas é insuficiente.

Ainda hoje, a natureza segue sendo um território do sagrado, "*nas qualidades e feições das criaturas*", para a imensa maioria da população brasileira. E de todas as criaturas, junto com o homem, a água é das mais sagradas. Essa é uma das características do catolicismo e, em particular, do catolicismo ibérico[190].

Essa perspectiva da biodiversidade e dos bens naturais será diferente no protestantismo. Como reconhecem os historiadores, para o desenvolvimento posterior do capitalismo nos países de maioria protestante a natureza deveria perder sua sacralidade intrínseca. A natureza era um Dom de Deus para uso e bênção dos homens bons e escolhidos. Isso permitiu um uso desenfreado dos recursos naturais, rápida e severamente devastados na Europa do Norte e nos Estados Unidos. Sob o manto das ambições e das minorias religiosas buscando uma eutopia, os problemas indígenas norte-americanos foram equacionados, rapidamente, chamando-se a cavalaria. De certa forma, não valia a pena perder tempo com eles. Não restou rastro, nem das populações, nem dos territórios indígenas na quase totalidade das terras férteis do país. Uma onda branca, santa, abençoada e missionária passou do leste ao oeste, varrendo qualquer dificuldade opondo-se a seu idealizado destino[191].

A história do Brasil começou bem antes, foi outra e não cabem comparações. No século XVI, os jesuítas cultivavam o princípio de aproximar o fato e o direito, *el hecho y el derecho*, a realidade e suas leis. Seguindo a tradição de Santo Agostinho, os jesuítas entendiam o relato bíblico da criação como algo de forte expressão alegórica. Mesmo sendo criacionistas, para eles, a criação era um processo dinâmico e não havia acabado. Muitos jesuítas deixaram o fixismo criacionista e acreditavam, já no século XVI, que a criação continuava e não podia ser confundida com a origem da vida[192].

Pela graça e pelo desígnio de Deus, origem de toda a vida, a criação prosseguia espontaneamente, segundo as condições ambientais, por delegação dos poderes divinos à natureza, pela presença da graça de Deus na natureza. A geração espontânea, na versão de Santo Agostinho, era uma das expressões desse poder criador divino presente na natureza. Nisso residia, inclusive, uma das demonstrações da sacralidade da natureza, tão cara ao catolicismo. A Igreja católica, e principalmente a ibérica, acreditava não somente na epifania, mas em numerosas hidrofanias, litofanias, fitofanias etc. Deus manifestava-se nas pedras, nas grutas, nas fontes, nos movimentos do sol, como nas aparições de Nossa Senhora, sempre vinculadas à natureza.

Em Portugal, séculos mais tarde, Nossa Senhora apareceu ora sobre uma árvore, ora numa gruta (cova da Iria), ora sobre nuvens de água. Na França, em Lurdes, sua aparição está associada a uma fonte, às suas águas milagrosas, brotando de uma gruta etc. Também foi e será assim nesta

---

de um lento e doloroso parto. Ameaçados por si mesmos e pelos egípcios, após esse extraordinário prodígio da passagem do mar com pés enxutos, os hebreus só serão ameaçados por si mesmos.

190. O protestantismo adotará, às vezes, uma linha de pensamento diferente. A natureza é como um dom de Deus aos homens bons, sem nenhuma sacralidade em si. Se as florestas me pertencem, se os campos me pertencem, é como uma bênção de Deus. Não existe um freio místico, de valor intrínseco, nos bens naturais. Servem no máximo como uma exaltação à contemplação da obra criadora.

191. Nos Estados Unidos, as alterações nos ciclos hídricos e no curso dos rios Mississipi, nos "rios de relva" dos Everglades da Flórida e nas áreas irrigadas da Califórnia são problemas crônicos, sem solução, no que pesem os bilhões, bilhões, de dólares já consumidos. Os maiores esgotamentos de recursos hídricos têm sido registrados no Central Valley, Califórnia, responsável

por 50% da produção nacional de frutas e vegetais, e em Ogallala, um dos maiores aqüíferos do mundo. Na Flórida, o pântano de Everglades teve sua área reduzida em quase 50%, devido ao uso de água para irrigação e trabalhos de drenagem, principalmente.

192. Evaristo Eduardo de Miranda. *O descobrimento da biodiversidade.* Loyola. São Paulo. 2003.

193. Evaristo Eduardo de Miranda. *Água, Sopro e Luz. Alquimia do batismo.* Loyola. S. Paulo. 1995.

194. Evaristo Eduardo de Miranda. *Agora e na Hora. Ritos de passagem à eternidade.* Loyola. São Paulo. 1996.

195. Doutrina filosófica que apresenta duas versões segundo as quais só Deus é real e o mundo é um conjunto de manifestações ou emanações, ou ainda, que só o mundo é real, sendo Deus a soma de tudo quanto existe.

196. Doutrina filosófica segundo a qual o conjunto das coisas pode ser reduzido à unidade, quer do ponto de vista

Quarta Parte do Mundo, como na gruta de Bom de Jesus da Lapa na Bahia, por exemplo, ou ainda, como no caso da padroeira do Brasil, Nossa Senhora Aparecida. Sua imagem emergiu milagrosamente das águas do rio Paraíba, num local onde seu curso desenha a letra M, de Maria, de Míriam. Essas manifestações populares do sagrado raramente ocorrem no seio de uma capela ou na nave de uma catedral. As capelas e as catedrais vêm depois. As autoridades eclesiais também vêem e vêm depois. As águas uterinas da natureza são as primeiras a matriciar as manifestações de Deus.

Durante séculos de cristandade, não haverá arma maior para combater todos os demônios, feiticeiros, animais peçonhentos, ciladas dos caminhos, doenças e pesadelos do que a água benta. Colocada na entrada das igrejas e das casas, a água benta reatava com as águas primordiais da criação e do batismo[193], com a presença mesma do divino. Ela abençoava e trazia o sinal da vida, do perdão e da reconciliação, através dos ritos de passagem, para os recém-nascidos, para os mortos purificados[194], para os novos edifícios, veículos, barcos, sepulturas e alianças.

Para a tradição cristã ocidental e oriental, em cada ser vivo, em cada obra da natureza, havia a presença do divino, não como panteísmo[195], nem como monismo[196], mas como visão de um Deus que é origem (princípio), meio e destino (fim escatológico) de toda a criação[197]. Nada disso contradizia o texto bíblico. Pelo contrário, os jesuítas encontraram argumentos no próprio texto bíblico para suas ousadas hipóteses. A presença divina estava, inclusive, nos seres inanimados: a água — mineral inerte — podia transformar-se em sangue — princípio da vida, como no episódio do livro do Êxodo, antecedendo a saída dos hebreus do Egito (Êx 7,14-20). Desde o princípio, as águas são o cerne da criação.

Também do pó da terra, de seca e estéril matéria mineral, podiam surgir insetos, piolhos e mosquitos (*kinin*). A matéria inerte podia transformar-se em seres vivos."*Estende o teu bastão e golpeia o pó da terra; transfor-*

mar-se-á em insetos[198] *por toda a terra do Egito. Assim fizeram. Aarão estendeu a mão com o seu bastão e golpeou o pó da terra. E houve mosquitos sobre os homens e sobre os animais. Todo o pó da terra transformou-se em mosquitos em toda a terra do Egito"* (Êx 8,12-13). Uma nova criação, em profusão, a partir do pó. Como o humano, originado do pó da terra, feito barro e vida com as águas primordiais[199]. Como o pó da terra, unido à água da saliva de Jesus, devolverá a visão ao cego de nascença, uma visão completa ao lavar-se na fonte de Siloé (Jo 9,7).

O mesmo foi possível com as águas dos riachos, canais e lagos, transformada numa multidão de rãs, por geração espontânea, capazes de *"cobrirem todo o Egito"* (Êx 8,2). Em outras palavras, da matéria inanimada pode surgir vida, como afirmam e descrevem os escritos jesuíticos daquele tempo. Principalmente das águas, cheias de poder terapêutico e criador. Sem contradição alguma com a palavra de Deus. Pelo contrário, essas constatações e afirmações serviam inclusive para explicar o porquê e as razões da profusão de mosquitos, animais peçonhentos e insetos encontrados no Brasil: as águas e o sol.

Pero de Magalhães Gândavo os relaciona à influência do clima, dos alagadiços, afirmando que *"... pela disposição da terra e dos climas que a senhoreiam nem pode deixar de os haver... porque como os ventos que procedem da mesma terra, se tornem inficionados das podridões das ervas, matos e alagadiços, geram-se com a influência do Sol... muitos e mui peçonhentos, que por toda a terra estão esparzidos..."*. Assim também pensava o padre José de Anchieta.

Em uma de suas informações à Companhia de Jesus, datada de 1585, padre José de Anchieta afirma, com ares pré-darwinianos, que o clima *"parece influir peçonha nos animais e serpentes e assim cria muitos imundos, como ratões, morcegos, aranhas muito peçonhosas"*. O clima através das chuvas e do calor cria, a terra e a água criam. Em outras palavras, não somente

da sua substância (e o monismo poderá ser um materialismo ou um espiritualismo), quer do ponto de vista das leis (lógicas ou físicas) pelas quais o Universo se ordena (e o monismo será lógico ou físico).

197. Pierre Teilhard de Chardim. *Le milieu divin*. Seuil. Paris, 1957.

198. A palavra hebraica, *kinim*, cheia de biodiversidade, pode ser traduzida como insetos, piolhos ou mosquitos.

199. Evaristo Eduardo de Miranda. *Animais Interiores. Os voadores*. Loyola. São Paulo. 2003.

a matéria inanimada podia dar origem à vida, mas esta era condicionada pelo meio ambiente. O poder de criação da natureza a partir da água, matéria orgânica em decomposição, e da terra ocorria sob influência do clima (sol, vento, umidade), do meio ambiente[200].

Águas e clima mereciam a maior das atenções. O mesmo valia para a criação de aldeamentos humanos e para a prática da agricultura. Assim como o direito humano seguia a lei da natureza e o direito divino, os procedimentos cotidianos espelhavam-se em muitos fenômenos naturais, no potencial e nas restrições de uso desses recursos, observados de forma precisa e metódica.

O cuidado dos portugueses com a questão ambiental na fundação de aldeamentos e vilas era rigoroso. Consideravam o abastecimento em água, o clima e a influência dos ventos e das chuvas. Essa será uma das características do urbanismo português: cidades planejadas, considerando a situação de cada local. Respeitar a topografia, acomodar-se ao meio ambiente, explorar suas qualidades para a vida urbana. Casas, edifícios, ruas inteiras e até bairros, estabelecidos nos séculos XVI, XVII e XVIII, mantêm-se até hoje. E isso em áreas de encosta, em declives acentuados. Seus códigos de obras eram detalhados e impressionam por sua atualidade e preocupações com a sanidade pública. Os monarcas portugueses foram responsáveis pela ampla documentação disponível sobre esse período, apesar do secretismo no tratamento das mesmas e das perdas decorrentes dos terríveis incêndios nos Arquivos reais quando do terremoto de Lisboa, em 1755, uma das maiores tragédias coletivas do povo português. É impressionante o acervo, ainda disponível, de plantas urbanísticas, projetos de cidades e vilas brasileiras desse período[201].

Casas e arruamentos resistiram por séculos ao sol e, sobretudo, à chuva e às enxurradas. Muitos desses edifícios antigos permanecem estáveis, sem rachaduras. São considerados patrimônios culturais da humanidade.

200. Evaristo Eduardo de Miranda. *O descobrimento da biodiversidade*. Loyola. São Paulo. 2004.

201. Nestor Goulart Reis, *Imagens de vilas e cidades do Brasil Colonial*. USP/Imprensa Oficial. São Paulo, 2000.

Só não conseguem resistir à modernização caótica das cidades, à especulação fundiária, à ausência de zoneamento adequado, à circulação de veículos pesados às suas portas, aos repetidos choques de caminhões contra chafarizes e ao desrespeito ao patrimônio histórico, uma das marcas do século XX. Novas pesquisas, de grande qualidade, têm demonstrado a importância da perspectiva urbana na história do Brasil e a racionalidade dos desenhos urbanos das cidades projetadas pelos portugueses[202].

Uma descrição do padre Antonio Sepp[203], dos fatores e condições ambientais considerados pelos jesuítas para fundar uma nova missão ou aldeamento chegou até nós. A participação dos índios, sua representatividade e os cuidados de ordenamento territorial fazem desse escrito um exemplo para muitos urbanistas de hoje em dia. Sua leitura seria útil para os promotores de fracassados projetos de colonização, assentamentos e reforma agrária no Brasil, principalmente na Amazônia e no Centro-Oeste.

Evocando os rios e regatos de forma poética, o padre Antonio Sepp relata sua saída para prospectar um local para um novo aldeamento e os indicadores ambientais considerados:"*Montávamos todos cavalos bem ajaezados; os caciques principais levavam fasces*[204]. *E, em primeiro lugar, demandando as plagas do leste em linha reta, deparamos com diversos e agradabilíssimos campos: aqui vales baixos, ali coxilhas separadas por gárrulas ondas que espumavam a sua raiva entre os seixos, repartindo-se por vários afluentes. Com plácido murmúrio deslizavam sob a sombra de árvores perenemente verdes, que não pouco recreavam o lasso viandante, esturricado pelo sol do estio.*

*Depois de termos andado por um dia inteiro, afinal, pelo entardecer, se nos abriu suavemente a terra, em leve declive ao pé de um outeiro cercado de ameníssimos bosques. Nestes, abundava a madeira, necessária não só para combustível, como também para construir as casas dos índios, a igreja e a minha moradia. Explorar o sítio era tão necessário a nós como todos os de Europa, antes de*

---

202. Nestor Goulart Reis, Ibidem.

203. O padre Antonio Sepp von Rechegg nasceu em 1655, em Kaltern, no Tirol. Não era um ibérico. Muito moço fora para Viena como menino-cantor na corte imperial. Do príncipe-bispo de Augsburgo recebera sólida formação em música vocal e instrumental. Em 1674, entrou para a Companhia de Jesus. Em 1691, partiu com 44 missionários, para a América do Sul. Seu trabalho começou junto à redução de Yapeju, às margens do rio Uruguai, abrangendo os atuais municípios de Alegrete, Livramento, Quaraí e Uruguaiana. Integrou-se tanto aos guaranis que, no final de sua vida, tinha dificuldades em falar alemão e preferia a língua tupi.

204. Na antiga Roma, conjunto formado por feixe de varas em torno de um machado, que, carregado pelos lictores que acompanhavam os cônsules, representava o direito que tinham os últimos de aplicar punições.

povoarem uma terra, e aos romanos antes de tomarem posse das colônias. Inquiriam bem a situação do lugar, se era palustre, arenoso, etc., a que ventos estava exposto, se rodeado de montes e bosques, se irrigado por riachos e rios aprazíveis; além disso a abundância de águas e fontes, a salubridade, claridade; cópia de pedras e rochas para fender, ou a falta delas; a qualidade do solo e da argila para o fabrico de telhas e tijolos, e mil outras cousas necessárias para fundar uma aldeia ou uma povoação. E assim, como Deus, o Autor da natureza e das cousas, dotou esta terra abundantemente de todos os requisitos, por consenso unânime de padres e índios, resolvi transladar para cá a nova colônia e lançar os fundamentos da vila"[205].

Para os religiosos e leigos dos séculos XVI e XVII, como para muitos até hoje, nos rios do Brasil, a sabedoria divina tudo provia e tudo previra, até as funções defensivas e protetoras das cataratas do Iguaçu e do Guaíra. Só a autoridade de um funcionário da primeira companhia multinacional do planeta, com filiais organicamente administradas no Japão, China, Índia, África, América e Europa, como a Companhia de Jesus, podia dar ciência ao mundo do caráter único dessas maravilhas, descrevendo a coreografia dos saltos, a beleza das águas e as dificuldades em transpô-las.

Mais uma vez, o padre Antonio Sepp, jesuíta austríaco metamorfoseado em guarani, pois na velhice já quase não conseguia falar em alemão e só em tupi-guarani, em seus escritos sobre as cataratas do Iguaçu, concluía:

"Esta queda do rio, com seus recifes estreitos e ásperos, o Criador previdente da natureza a fez só e unicamente, e ali a colocou para maior benefício de nossos pobres indígenas. Todos os Padres Missionários estão firmemente convencidos disso. É que até aqui já vieram os espanhóis em seus navios, em sua insaciável cobiça de dinheiro. Mas quando chegaram aqui, ouviram: <u>Non plus ultra</u>, nem mais um passo! Tinham, por isso, que voltar para Buenos Aires, e até o dia de hoje não puseram pé em nossas reduções, não podem realizar nenhuma comunhão, nenhum negócio, nenhum tráfico com nossos indígenas, e isto constitui um benefício

205. Pe. Antonio Sepp s.j. . *Viagem às missões jesuíticas e trabalhos apostólicos*. Itatiaia, São Paulo, 1980.

*indescritível. Primeiro, porque os espanhóis são dados a muitos vícios, de que estes nossos bons e simples índios até agora nada sabem (...). Sobretudo, porém, os espanhóis convertem os índios, a quem a natureza galardoou com a rica liberdade, em escravos e servos e os tratam como cães e bestas, embora os índios sejam cristãos, e estragam tudo o que aos Padres custou tanto trabalho e suor"* [206]. Além do sangue. Os jesuítas seriam arrastados no futuro ao martírio, ao lado dos índios guaranis, na destruição impiedosa das Missões dos Sete Povos pelos bandeirantes[207] e pelos exércitos de Portugal e Espanha[208].

Se para o século XVI, o paraíso é a natureza humanizada, abundante em águas. Para o século XXI, também[209]. Como nos dizeres do padre Antonio Sepp evocando águas, chafarizes, viveiros, tanques, rios e ilhas: *"Alegravam-se olhos e corações à vista das magníficas árvores verdes, nunca vistas, dos arbustos e bosques, das moitas e sebes. Aqui, as mais lindas palmeiras, cheias de frutos amarelos, convidavam-nos para as suas sombras seguras; ali, o loureiro sempre verde oferecia abrigo contra tempestades e trovoadas. Limeiras e limoeiros, carregados de seus frutos bem cheirosos, e inúmeros outros frutos desconhecidos acenavam ao faminto e sedento, de modo que pensávamos estar navegando num outro paraíso. Esta pompa e magnificência mal se pode descrever. Todos os parques da Itália, todos os chafarizes da França, todas as ilhas e paisagens dos Países-Baixos, todos os lagos, viveiros e tanques principescos de peixes da Alemanha têm que recuar ante tamanha beleza. Só é de lastimar-se que todas as ilhas, tendo eu contado umas sessenta rio acima, não sejam habitadas por viv'alma, mas ermas e completamente abandonadas. Sobre elas, que poderiam conter os jardins de recreio de imperadores e reis, se o grande Criador do Universo as houvesse criado na Europa, moram somente animais selvagens".*

A Igreja do Brasil encontrou e enfrentou, desde o início de sua história, homens sedentos: de amor, de poder, de riqueza, de caridade, de espaço e de solidão. E construiu um enorme universo de símbolos e gestos ligados à água na natureza do Brasil. Isso não pode ser esquecido. Princi-

206. Pe. Antonio Sepp. Ibidem.

207. Rubens Vidal Araújo. *Os jesuítas dos 7 povos*. Renascença, Porto Alegre, 1992.

208. Pe. Antonio Ruiz de Montoya s.j. *Conquista Espiritual*. Martins, Porto Alegre, 1985.

209. Principalmente nos prospectos de viagem e de apresentação de turismo ecológico onde sobram expressões como: local paradisíaco, visão paradisíaca, praia paradisíaca, paisagem paradisíaca etc.

palmente quando a Igreja tenta tratar da temática da água, ignorando sua própria história[210]. Gérmen dos gérmens, origem das origens, para a tradição judaica e cristã as águas contêm todas as promessas do desenvolvimento, da multiplicação da vida, da purificação e da regeneração. Os lagos, rios, geleiras, mares, fontes e oceanos detêm o potencial infinito das formas e conteúdos. Abrigo de corais, algas, peixes e tantas formas de vida, as águas também representam os processos de aniquilação, dissolução, reabsorção.

Os evangelhos cristãos falam do sal da terra e do sal da água. O sal é como o ouro branco, um mar purificado, concentrado, cristalizado, pelo fogo do sol. Essa alquímica resídua pode alimentar e conservar a terra. Nem sempre a terra se deixa salgar, mesmo quando o sal é de boa qualidade, como dizia o padre Antonio Vieira[211], amigo do povo hebreu, em um de seus famosos "Sermões"[212] ao referir-se aos poderosos e escravocratas de índios. As águas sempre se deixam salgar, conservar, enriquecer. Existe uma infinidade de ouro, dissolvido em invisíveis palhetas, nas águas dos oceanos e, de certa forma, no coração generoso de cada ser humano.

Se a inesgotável polissemia das águas e do universo hídrico está presente praticamente em todas as religiões e nos símbolos de seus rituais, no judaísmo e no cristianismo seu campo é imenso como um oceano, repleto de naufrágios e tesouros. Vale uma navegação, uma deriva, uma travessia e um mergulho nas páginas hebraicas e gregas dos livros da Bíblia, nas páginas contraditórias da história da Igreja e do povoamento europeu e africano do Brasil e das Américas.

---

210. Conferência Nacional dos Bispos do Brasil. *Água, fonte de vida*. Campanha da Fraternidade 2004. Salesiana. São Paulo. 2003.

211. O padre Antonio Vieira (1608-1697), "imperador da língua portuguesa", pregador jesuíta, nascido em Lisboa, veio para o Brasil em 1615. Autor de alguns dos mais belos sermões em língua portuguesa, teve grande ascendência sobre o rei João IV de Portugal. Em missões diplomáticas prestou relevantes serviços a Portugal, quando das invasões holandesas no Brasil. Aqui, estabeleceu núcleos missionários na Amazônia e conseguiu da Corte a expedição de lei contra a escravatura indígena no Maranhão. Por várias vezes defendeu os judeus. Foi processado pela Inquisição em Portugal, preso em 1665. Em 1681 retornou à Bahia onde veio a falecer, após novo período de atividade.

212. Antonio Vieira. *Sermão de Santo Antonio. Sermões*. Hedra. S. Paulo. 2001.

Você tem sede de quê?

O homem é o único animal capaz de distinguir a água comum da água benta. Essa colocação remete às realidades simbólicas e culturais da percepção social e individual da água. Debates sobre recursos hídricos terminam com generosas e urgentes recomendações sobre como educar a população para um uso responsável da água, como mudar consciências, atitudes etc. Mas como a água é realmente percebida pela população brasileira?

A água é um mineral precioso e caprichoso. No Brasil, aparentemente, não falta água. Mas falta. Não somente no Nordeste. Hoje, a disponibilidade de água potável para parte dos habitantes de São Paulo, durante os meses de inverno, é inferior à do Nordeste e à da Arábia Saudita. Como enfrentar essas novas realidades hídricas das grandes cidades brasileiras, onde falta abastecimento e saneamento? A percepção das águas vem de longe no imaginário popular brasileiro.

Durante muitos séculos, e ainda hoje para muitos brasileiros, a água é sinal de abundância. De uma abundância povoada de sonhos e imaginação. Algo das visões sagradas dos indígenas com relação às águas chegou à cultura brasileira nas lendas da iara, da mãe d'água, do boto encantado etc. A percepção religiosa das culturas africanas também está presente nos banhos de cheiro, nas oferendas em cachoeiras, procissões marítimas etc., como já foi evocado. O universo cultural e interior do homem e do povo brasileiro sobre a água também são herdeiros de antigas tradições mediterrânicas.

Esse mar entre as terras, o Mediterrâneo, mais evapora água do que recebe de seus poucos rios afluentes como o Danúbio, o Pó, o Ródano ou o Nilo. Uma corrente marítima do oceano Atlântico fica "preenchendo" o mar Mediterrâneo, sem cessar. Senão ele quase secaria, como já ocorreu várias vezes no passado durante as glaciações. Toda essa região e seus povos, desde os tempos bíblicos, são marcados por um universo de escassez hídrica. A origem dessa percepção do mundo hídrico perde-se no tempo, evocando desertos, fontes, secas e dilúvios. Essa tradição foi iluminada pelo cristianismo e banhada em aventuras gregas, romanas, árabes e judaicas, bem como pelas navegações portuguesas e ibéricas. O relacionamento dos brasileiros com as águas é fruto dessa aventura, desses encontros interculturais. Sem compreender a história dessa percepção social das águas, será difícil reverter boa parte dos problemas hídricos atuais, principalmente os de gestão.

O imenso capital hídrico do Brasil não foi obra do acaso. O gênio português valorizou as águas brasileiras desde os primeiros cronistas e propiciou uma miscigenação genética, simbólica e cultural, sem precedentes na história da humanidade. No século XVI, pela primeira vez em escala planetária, foi estabelecida uma nova rede de comércio e informação, onde se inseriram a descoberta e o povoamento do Brasil, pela via das águas, do mar lusitano e das navegações. Um imenso universo simbólico sobre as águas, de origem judaica e cristã com fortes cores ibéricas e latinas, foi trazido pelos povoadores e evangelizadores ao Brasil. Dos séculos XVII ao XIX, antes das atuais preocupações ambientalistas, a Coroa portuguesa, o Império do Brasil e uma série de brasileiros ilustres já trabalharam na defesa e conquista das águas.

A evangelização dos jesuítas, ao buscar respeitar e valorizar a cultura indígena, contribuiu decisivamente na criação de uma espécie de esperanto, a língua geral, baseada no tupi. Como uma arca de Noé, ela trouxe ao português uma imensa riqueza dos conhecimentos indígenas do território, da natureza e das águas do Brasil, presentes num mar de palavras, topônimos e expressões. O ciclo das águas sempre foi considerado nos planos urbanísticos lusitanos, nas construções das casas e vilas, no escoamento sanitário, na implantação de engenhos e fortificações, na ocupação e no povoamento territorial. Os relatos dos cuidados com as águas e o meio ambiente quando das fundações de aldeias e missões pelos jesuítas são impressionantes nesse sentido. A permanência das ruínas dessa gesta e do patrimônio das cidades históricas brasileiras é o testemunho de seus acertos.

O povoador português também agiu no local e pensou de forma global. A bacia amazônica não pertencia ao Brasil. Sua incorporação ao país foi obra do esforço estratégico da Coroa portuguesa e seus súditos. Pode parecer difícil preservar a floresta amazônica e seus rios nos dias de hoje, diante de um desmatamento avassalador e de uma ocupação econômica cada vez mais intensa. Muito mais difícil foi a tarefa de nossos antepassados para incorporá-la, defendê-la e mantê-la no território nacional. Alguém já disse que quem dispõe da Amazônia não pode temer o futuro. A produção cartográfica da administração do Morgado de Mateus, por exemplo, ilustra o cuidado e o uso estratégico da rede hidrográfica pela Coroa portuguesa. Ao chegar ao Brasil, acompanhado de vários cartógrafos, ele deu impulso a um conhecimento sistemático e estratégico conjugado da hidrografia e do território nacional. O Morgado de Mateus vai usar a preservação ambiental e, em particular, os rios do Brasil, como aliados da defesa territorial.

Desde o século XVII, os brasileiros mobilizaram-se na defesa da preservação das águas, até em manifestações de rua no Rio de Janeiro! No abastecimento do Rio de Janeiro, desde a chegada de D. João VI até o

Império do Brasil foi tomada uma série de medidas jurídicas e administrativas pelos sucessivos governos, sempre na defesa das águas e das florestas, dentre as quais destaca-se o plantio da atual Floresta da Tijuca, por ordem de D. Pedro II.

A defesa das águas no Brasil não foi unicamente obra de governantes. Ao longo de quatro séculos, dezenas e dezenas de pensadores, cientistas, administradores, produtores, escritores, políticos e governantes, de diversas origens profissionais e geográficas, contribuíram na construção de uma corrente brasileira de pensamento conservacionista e progressista, uma verdadeira corrente de águas vivas. Desde 1790, eles defendiam as baleias, as tartarugas e o peixe boi contra a pesca predatória de índios e povoadores. Buscavam uma maior racionalidade na preservação das matas e das águas. Estabeleciam relações entre mudanças climáticas e desmatamento. Eles inseriam sua visão crítica dentro de uma racionalidade econômica, social e cultural de longo prazo. A questão ambiental não era tratada de forma isolada, mas inserida em termos econômicos e políticos, numa visão muito próxima do conceito atual de desenvolvimento sustentável. Foi assim, até o final do século XIX. O século XX foi um verdadeiro desastre ambiental. Somente em sua segunda metade começaram a emergir novos movimentos e perspectivas, essencialmente não-governamentais, na defesa das águas e que culminaram na Rio 92.

Todos os seres vivos precisam de água. O Brasil descobre aos poucos uma grande verdade: não tem água para tudo, nem para todos. Em primeiro lugar, dentre todos os necessitados, estão os ecossistemas. Sem eles não haverá sequer "produção" adequada de água para os humanos, nem alimentos, nem lazer, nem pesca, nem turismo, nem geração de energia, nem navegação, nem irrigação. E em muitos biomas brasileiros, principalmente na Mata Atlântica, a situação das bacias hidrográficas é muito crítica, mas dá sinais de uma possível reversão e regeneração. Produzir comida, alimentos, requer água. Muita água. A agricultura brasileira consome cerca de 60% da água doce utilizada no país, enquanto a indústria 28% e o abastecimento humano apenas 12%. É bom fechar a torneira quando escovamos os dentes, talvez como atitude simbólica. Não significa praticamente nada[213]. A gestão da água coloca desafios em outros patamares. As águas pedem atenção espiritual, memória histórica, compreensão cultural e participação social e democrática no destino das bacias hidrográficas e de sua preservação, muito além de números, tabelas e tecnologias. Na terra das águas, todos têm sede de informação. Aqui ficam estas páginas, como algumas gotas d'água.

213. Ninguém é contra atitudes responsáveis no uso doméstico da água, mas isso não deve desviar a população dos grandes e graves problemas da gestão hídrica e que não estão nessa esfera doméstica.

## Sobre o autor

Evaristo Eduardo de Miranda é agrônomo, com mestrado e doutorado em Ecologia pela Universidade de Montpellier (França). Foi professor do departamento de Ecologia Geral da Universidade de São Paulo e coordenou, entre outros, o programa nacional de pesquisa de avaliação dos recursos naturais e sócio-econômicos do trópico semi-árido brasileiro, o programa de monitoramento ambiental da Amazônia e o projeto Brasil Visto do Espaço. Atualmente é pesquisador da Embrapa Monitoramento por Satélite. É autor de mais de uma centena de publicações científicas e de divulgação no Brasil e no exterior. Atuou na Conferência Mundial de Meio Ambiente, a Rio-92, como consultor da ONU. Tem assessorado em questões ambientais a UNESCO, a OEA e a FAO.